MATHE LEICHTER GEMACHT

Copyright © 2024
H. Densing
All rights reserved.
ISBN: 978-1-960579-34-8

www.densingmethod.com

MATHE LEICHTER GEMACHT

Zauber der schriftlichen Addition & Subtraktion

-Einführungsvarianten-

Dieses Arbeitsbuch hilft Schülern*innen, schriftliche Addition und Subtraktion durch visuelle Hilfen leichter zu verstehen. Es bietet verschiedene Ansätze für die Rechenoperationen, sodass Sie herausfinden können, welche Methode Ihrem Kind am besten zusagt. Gleichzeitig erfährt es, dass verschiedene Ansätze zu den gleichen Ergebnissen führen können. Zusätzliche Arbeitshefte sind verfügbar, die sich auf die bevorzugte Methode konzentrieren, um diese mit Ihrem Kind zu üben.

Speziell zur Einführung in die schriftliche Addition und Subtraktion sowie für Kinder mit Mathematikschwierigkeiten konzipiert, ist es auf Englisch und Deutsch erhältlich. Es ergänzt die Prinzipien der Densing Teaching Method, wie sie in „Hands-On Learning Adventures: Mathematics“ beschrieben sind.

Mit Schritt-für-Schritt-Anleitungen zur Erstellung personalisierter Lernmaterialien ermöglicht das Begleitbuch ein interaktives Lernerlebnis. Große Postertafeln helfen dabei, wesentliche mathematische Fakten rund um Addition und Subtraktion zu verinnerlichen. Durch die Kombination praktischer Aktivitäten mit visuellen Elementen wird ein dynamisches Lernerlebnis geschaffen, das sicherstellt, dass Kinder die Konzepte nicht nur verstehen, sondern auch behalten.

Ziel dieses Arbeitsbuchs ist es, ein motivierendes und prägnantes Lernerlebnis zu bieten und Kindern zu helfen, wichtige mathematische Grundlagen zu festigen.

Schriftliche Addition & Subtraktion ohne Übertrag mit der Schnecke und dem Geparden

Einführung für Eltern und Lehrkräfte:

Dieses Poster aus der Buchreihe “Densing Teaching Method - Mathematics” symbolisiert eine taktile und visuelle Lernerfahrung zum Verstehen von Stellenwerten in schriftlicher Addition und Subtraktion. Das Konzept des Stellenwerts kann für Kinder eine Herausforderung sein, insbesondere wenn sie zur schriftlichen Addition und Subtraktion übergehen, da sie sich die richtige Reihenfolge der Operationen merken müssen.

Die folgenden Aufgaben konzentrieren sich auf Addition und Subtraktion ohne Umgruppierung und sollen Kindern dabei helfen, den Stellenwert und die Reihenfolge der schriftlichen Addition und Subtraktion leichter zu verstehen.

Der Gepard symbolisiert die EINER. Er ist das schnellste Tier, das zuerst den Baum hinunterläuft. Die Schnecke stellt die ZEHNER dar. Da sie langsamer ist, geht sie als zweite den Baum hinunter.

Zehner
Einer
Beginne mit den Einern
3 3
+ 2 2
5 5

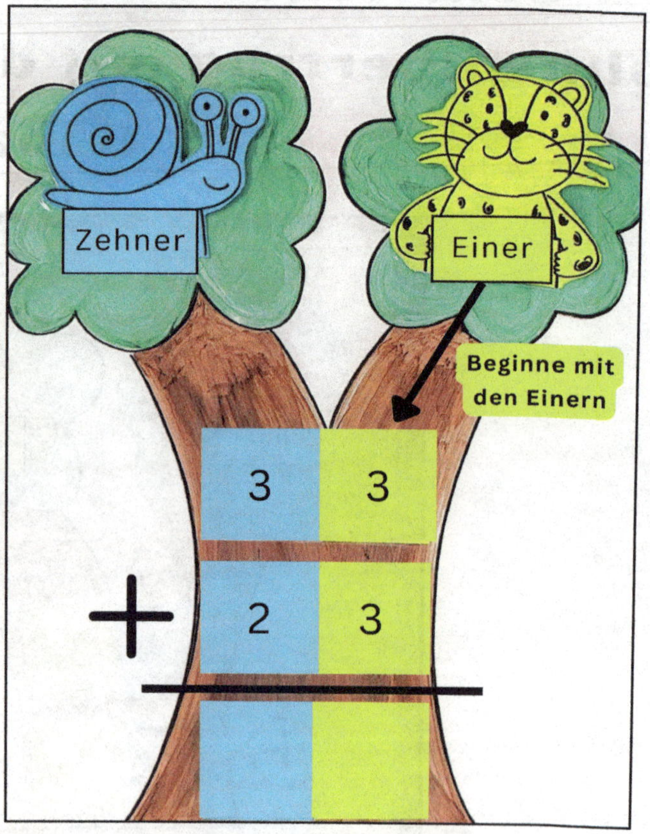
Zehner
Einer
Beginne mit den Einern
3 3
+ 2 3

Plus

Zehner
Einer
3 2
+ 2 4

Zehner
Einer
2 3
+ 2 3

Zehner
Einer
Beginne mit
den Einern
3 6
+ 1 2

Zehner
Einer
1 4
+ 5 3

Plus

Zehner
Einer
1 5
+ 3 2

Zehner
Einer
4 4
+ 4 4

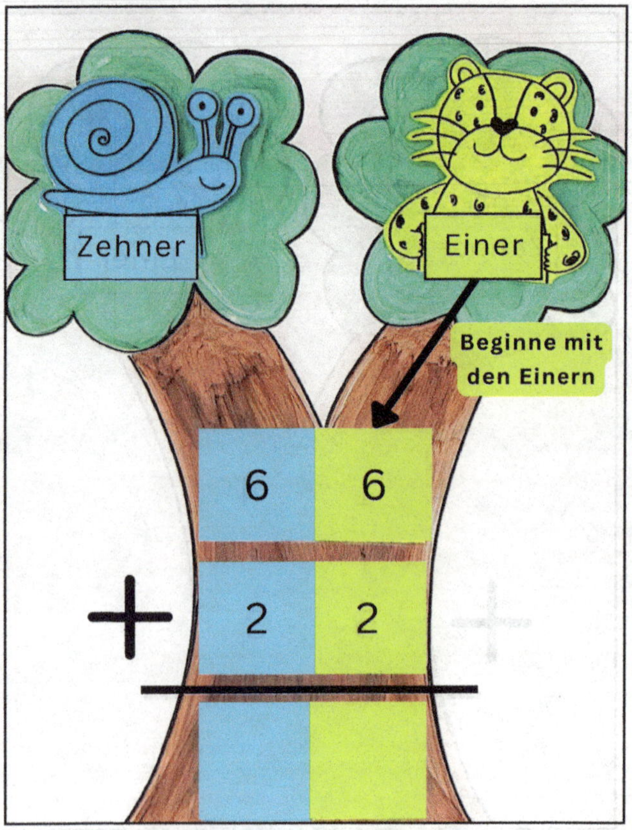

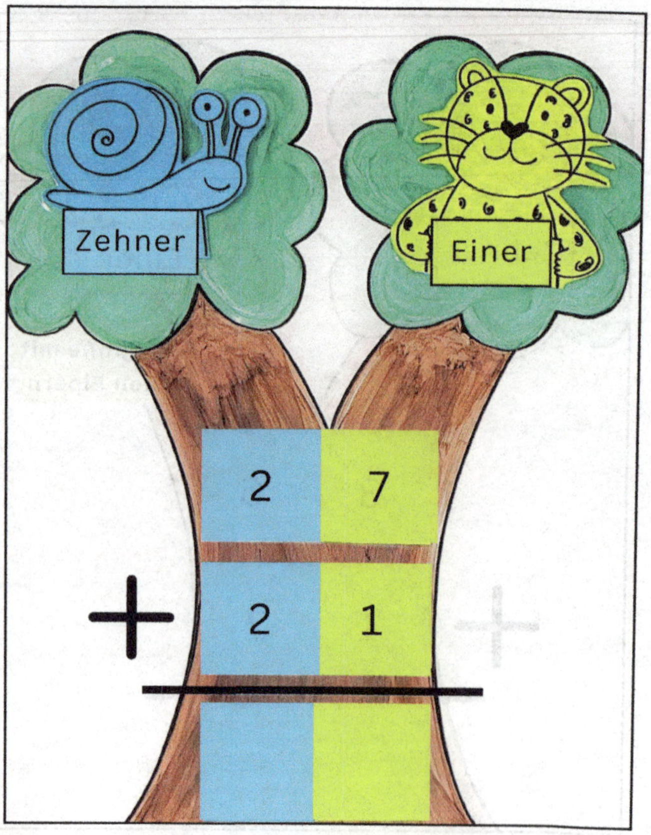

Plus

 ©www.densingmethod.com

Zehner
Einer
Beginne mit den Einern
2 6
+ 6 2

Zehner
Einer
1 7
+ 2 2

Plus

Zehner
Einer
5 4
+ 2 4

Zehner
Einer
2 3
+ 3 6

Plus

 ©www.densingmethod.com

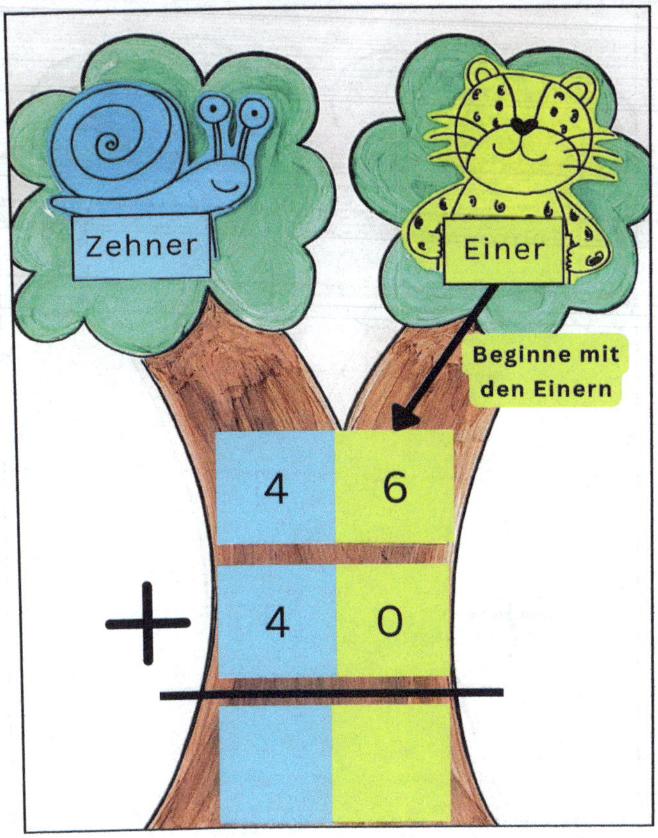
Zehner
Einer
Beginne mit den Einern
4 6
+ 4 0

Zehner
Einer
3 5
+ 3 4

Plus

Zehner
Einer
6 3
+ 3 4

Zehner
Einer
4 2
+ 4 1

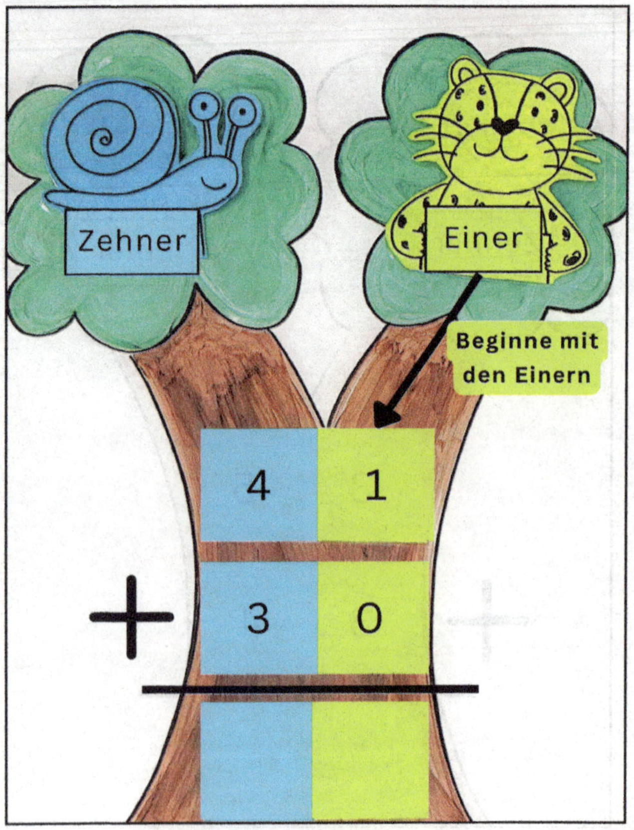

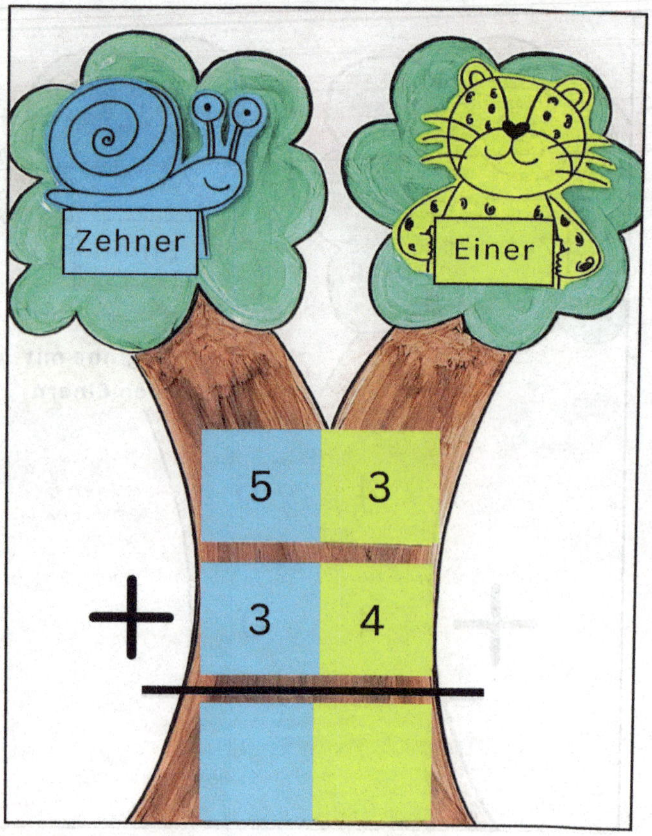

Plus

©www.densingmethod.com

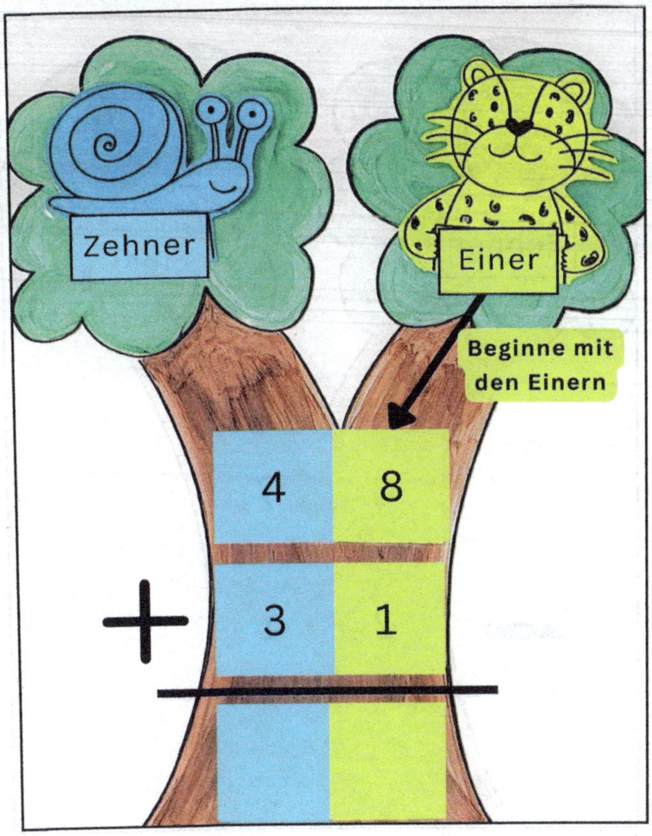
Zehner
Einer
Beginne mit den Einern
4 8
+ 3 1

Zehner
Einer
5 2
+ 2 4

Plus

Zehner
Einer
2 5
+ 5 1

Zehner
Einer
3 2
+ 4 3

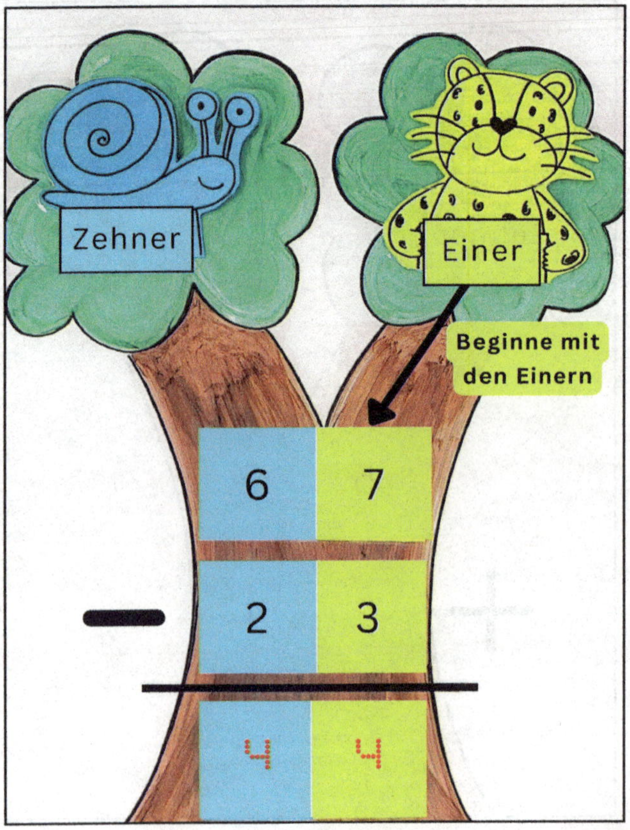

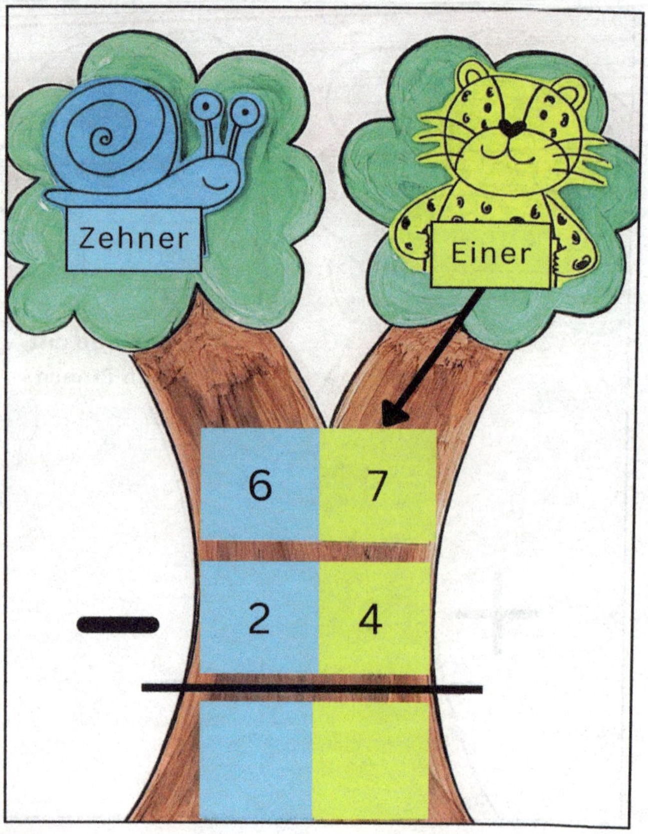

Minus

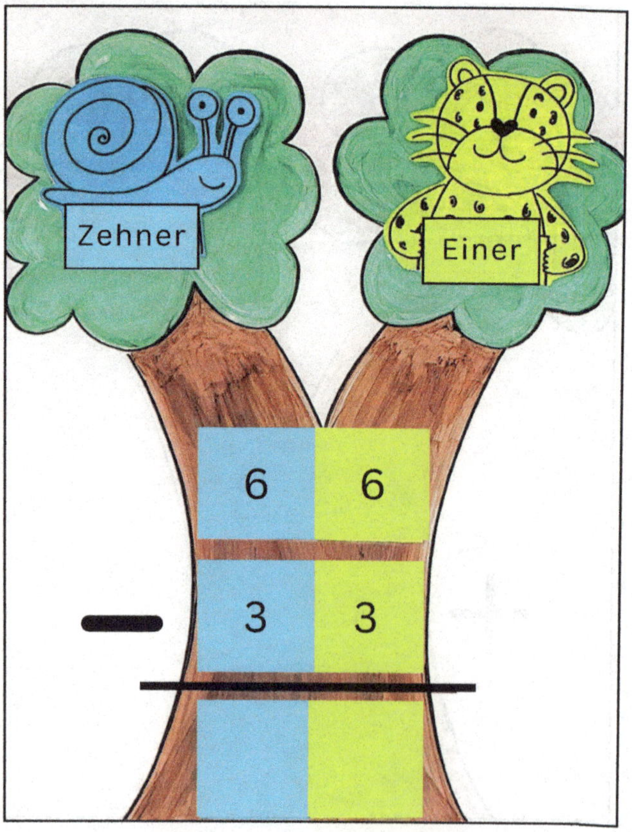

 ©www.densingmethod.com

Zehner
Einer
Beginne mit den Einern
9
9
1
8

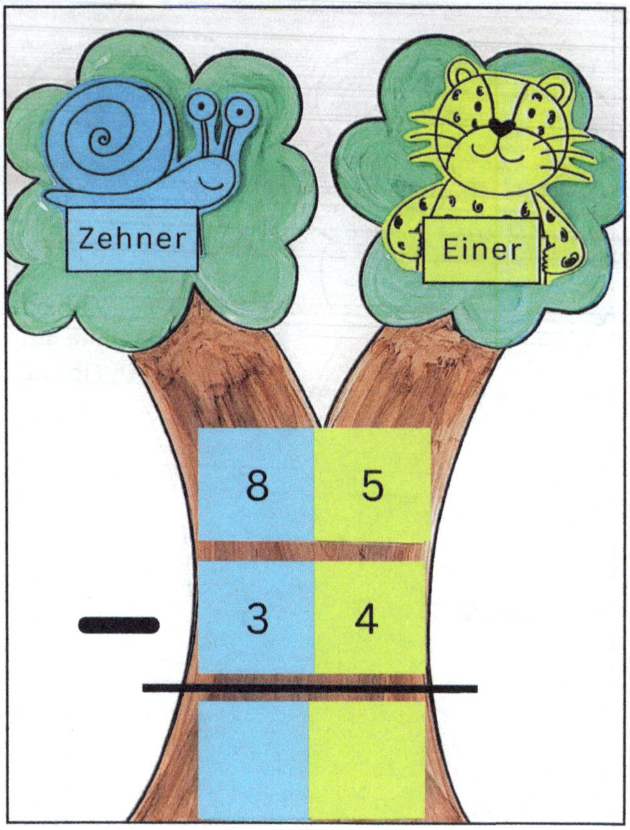
Zehner
Einer
8
5
3
4

Minus

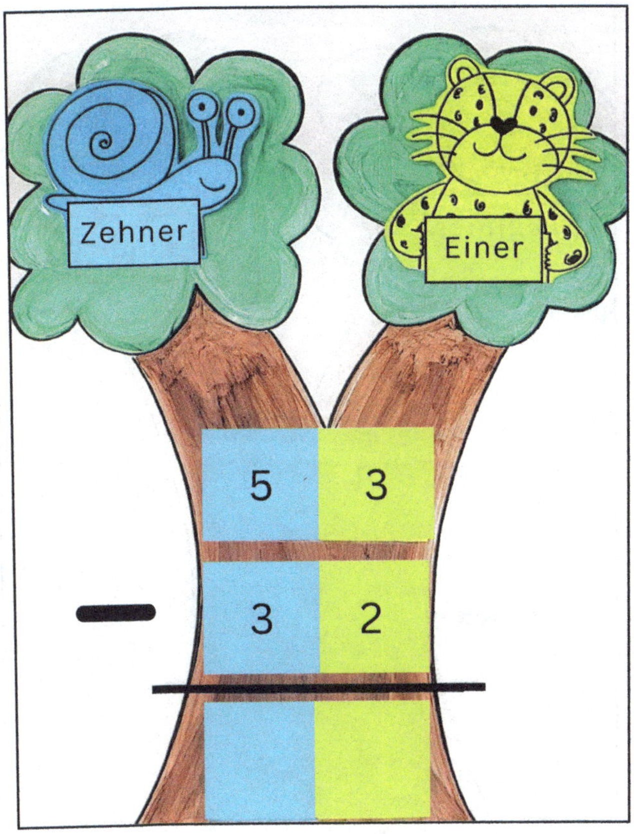
Zehner
Einer
5
3
3
2

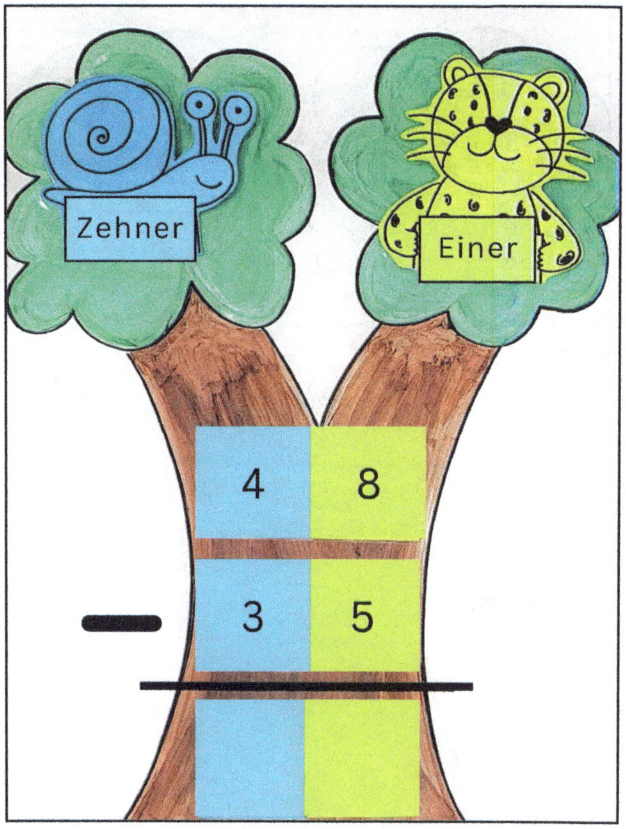
Zehner
Einer
4
8
3
5

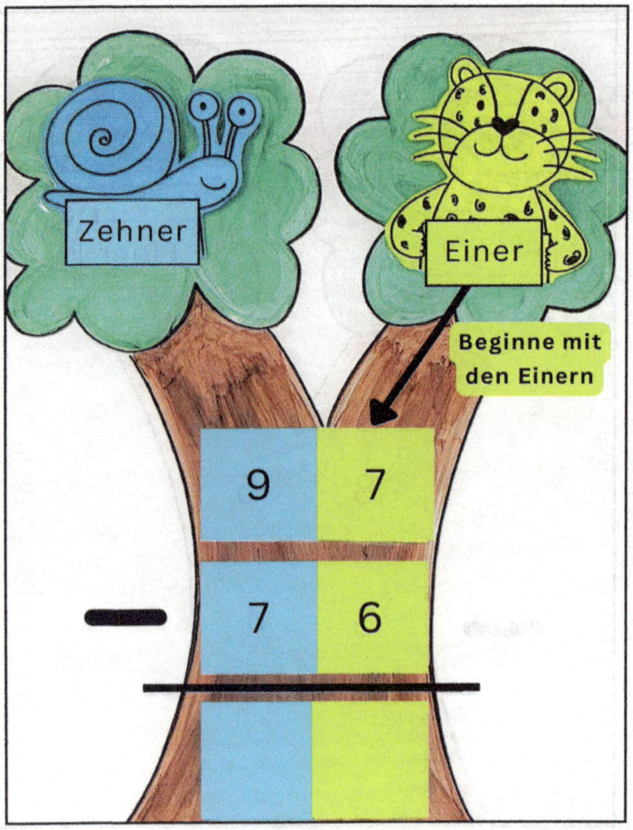

Minus

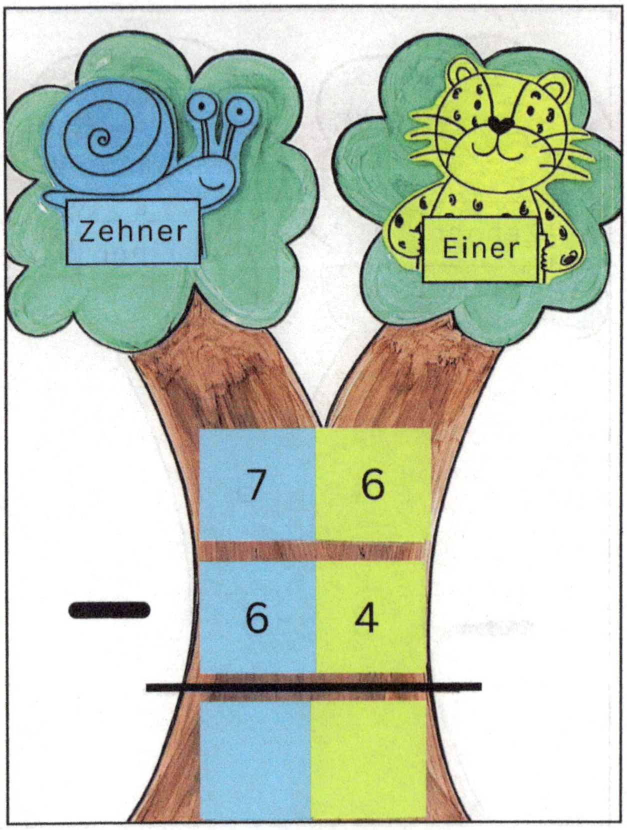

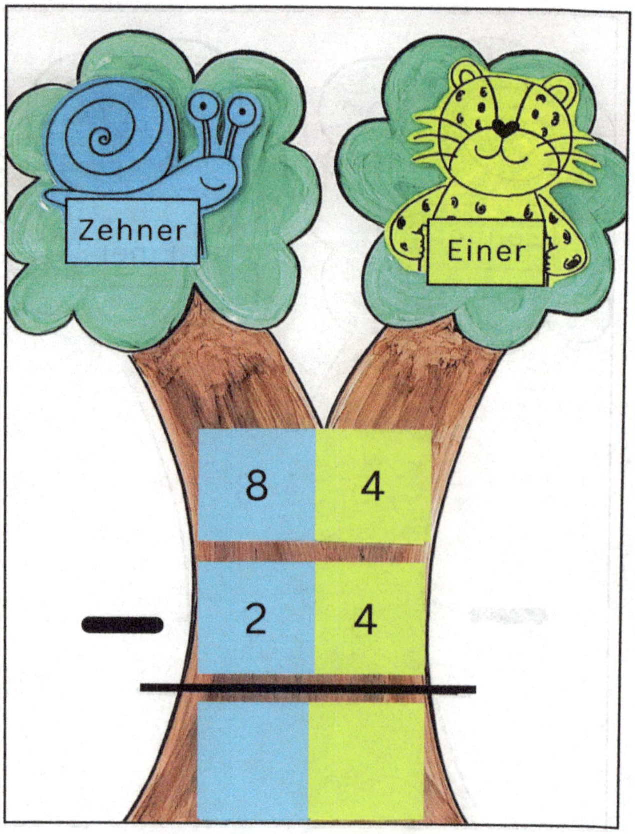

 ©www.densingmethod.com

Zehner
Einer
Beginne mit den Einern
5 7
— 3 1

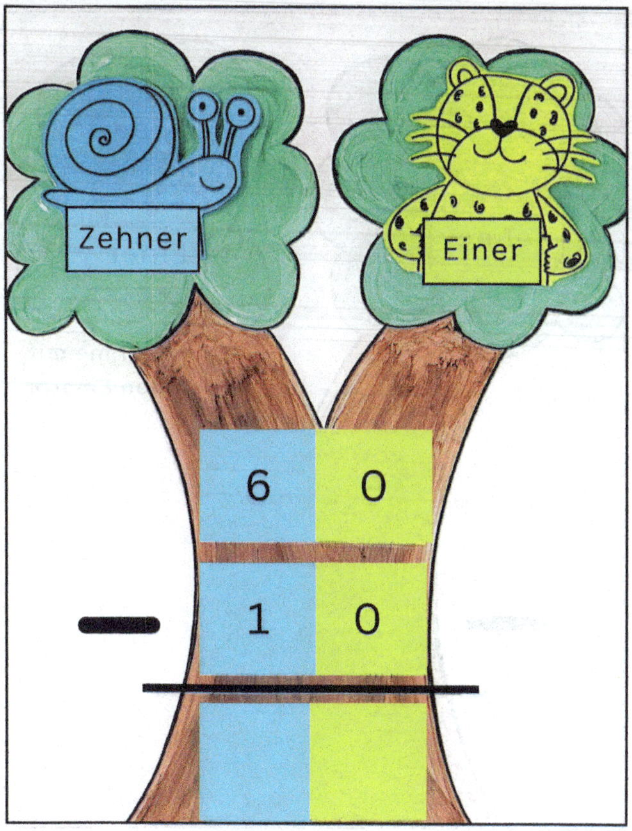
Zehner
Einer
6 0
— 1 0

Minus

Zehner
Einer
6 8
— 6 4

Zehner
Einer
7 3
— 5 3

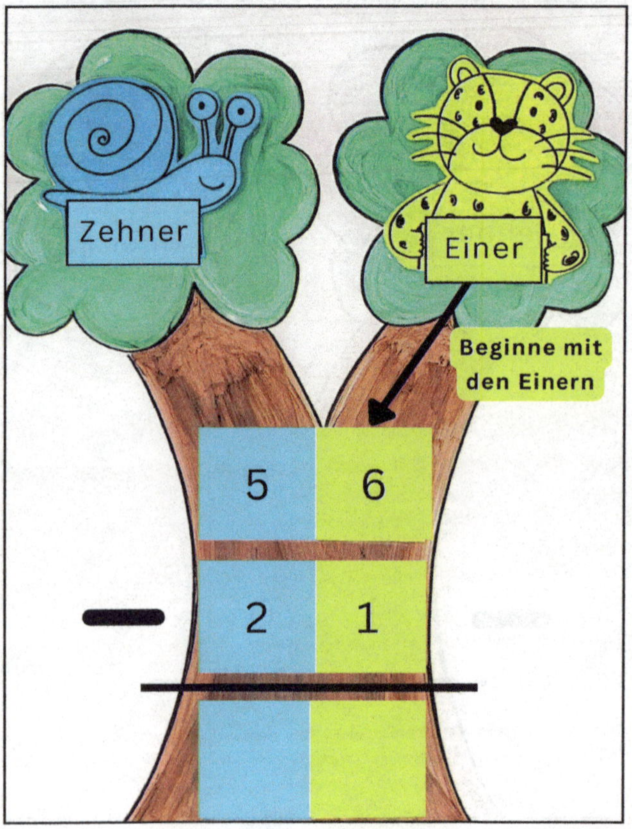
Zehner
Einer
Beginne mit den Einern
5 6
2 1

Zehner
Einer
6 3
1 1

Minus

Zehner
Einer
6 7
6 5

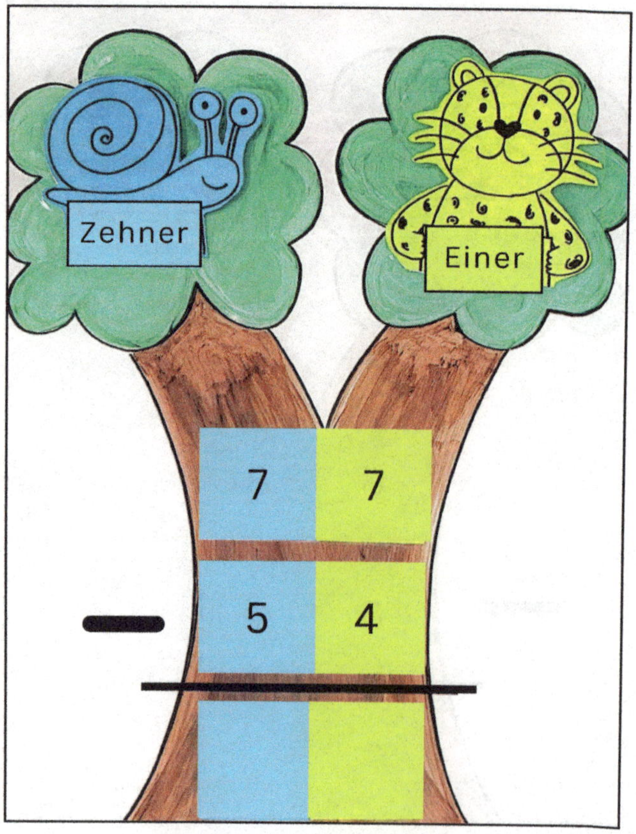
Zehner
Einer
7 7
5 4

Zehner
Einer
5 4
2 3

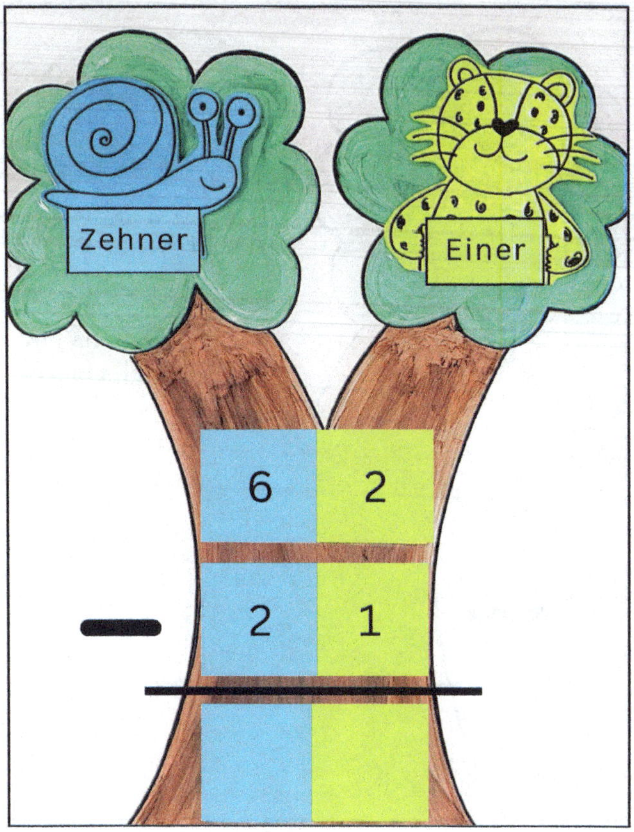
Zehner
Einer
6 2
2 1

Minus

Zehner
Einer
6 6
4 5

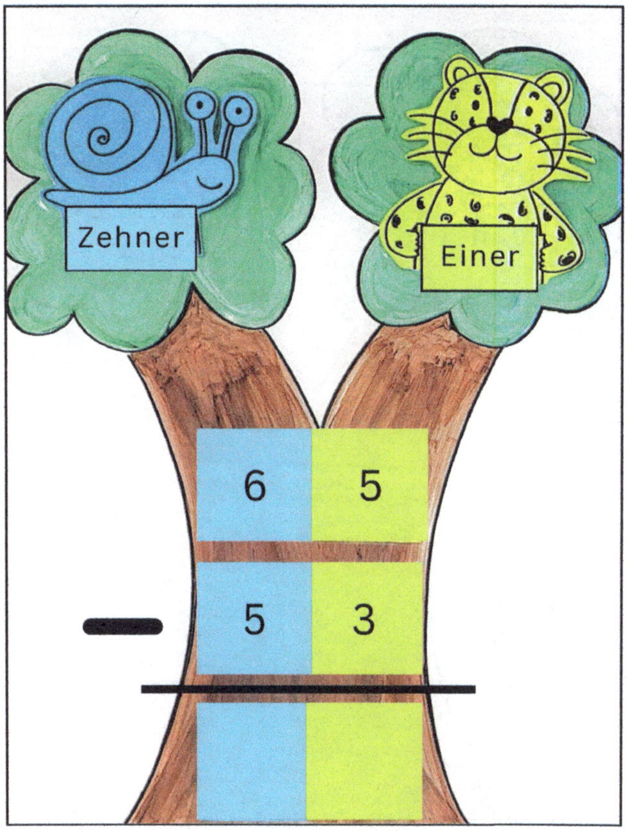
Zehner
Einer
6 5
5 3

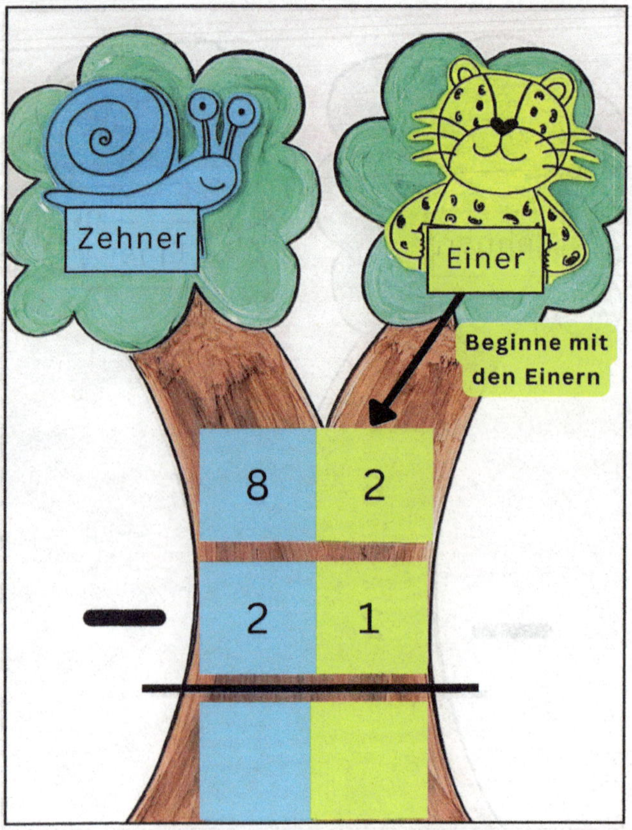

Minus

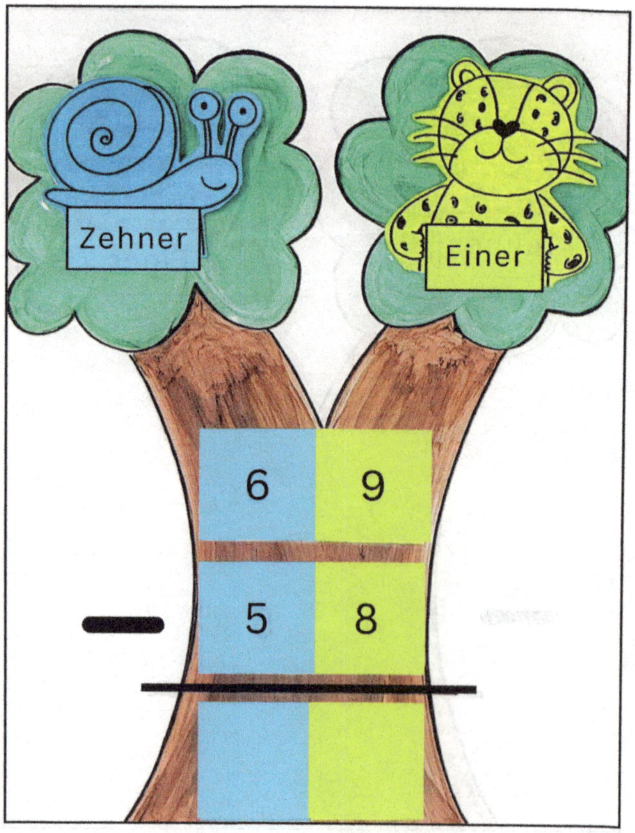

 ©www.densingmethod.com

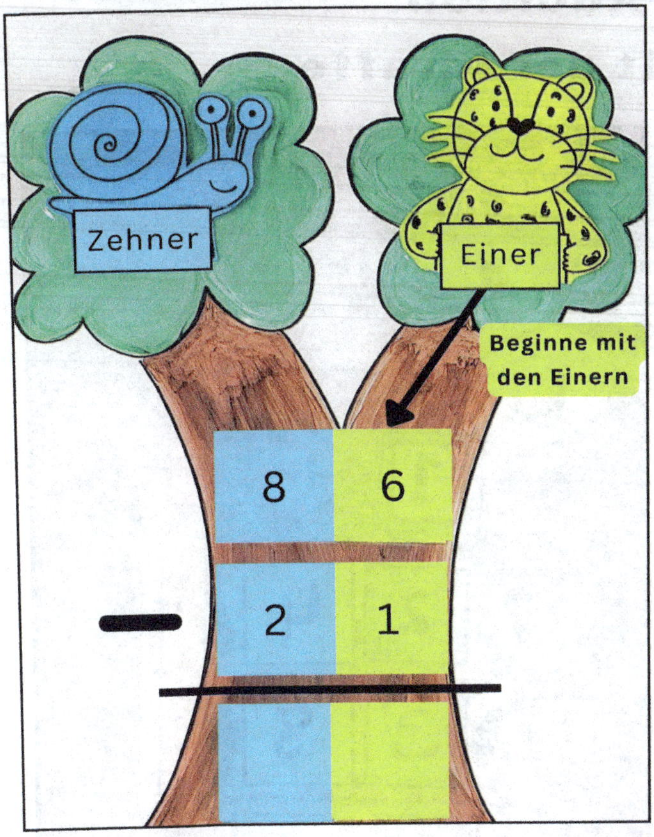
Zehner
Einer
Beginne mit den Einern
8 6
– 2 1

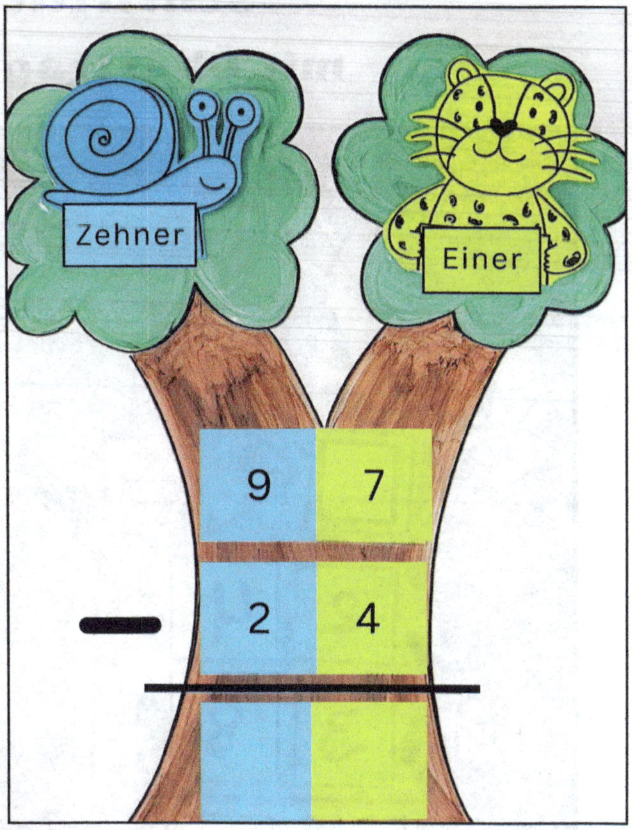
Zehner
Einer
9 7
– 2 4

Minus

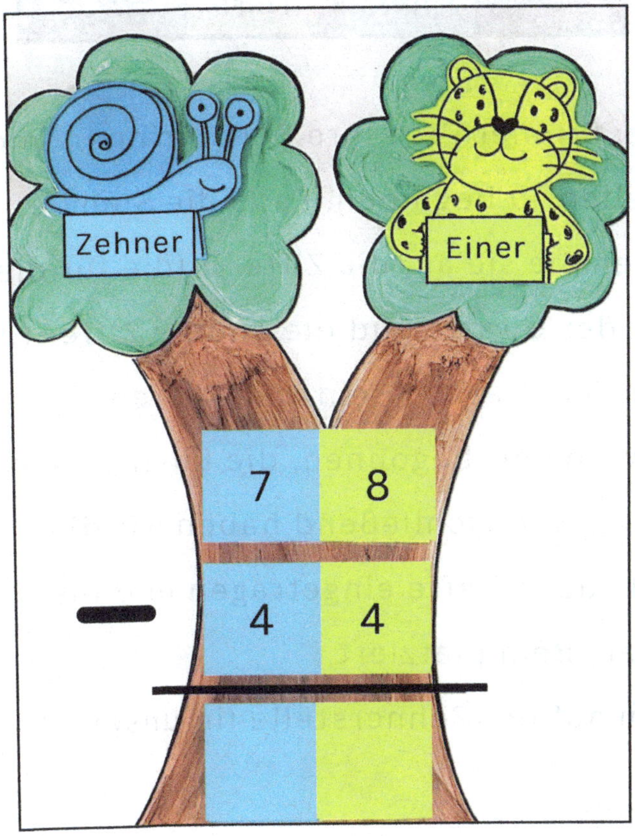
Zehner
Einer
7 8
– 4 4

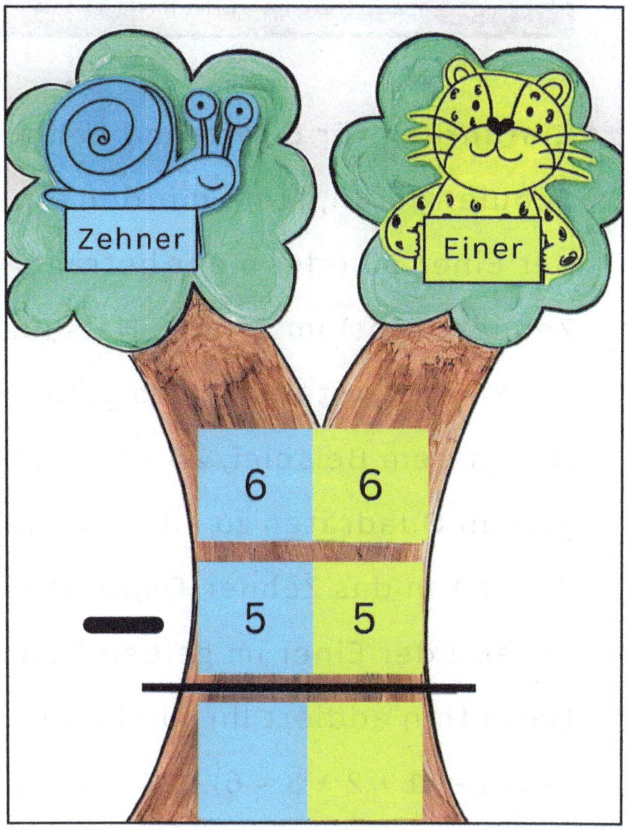
Zehner
Einer
6 6
– 5 5

Schriftliche Addition
mit Übertrag mit der Giraffe

Einführung für Eltern und Lehrkräfte: Erinnern Sie Ihre Schülerinnen und Schüler daran, stets mit den Einerstellen zu beginnen. Falls die Summe der Einer 10 oder mehr beträgt, weisen Sie sie an, die Ziffer 1 (die für die Zehner steht) im Zehner-Halsquadrat der Giraffe und die andere Ziffer (die die Einer darstellt) in das gelbe Einer-Quadrat am Bein zu notieren.

In unserem Beispiel, 24 + 38, haben wir damit begonnen, die Einer in den gelben Quadraten zu addieren (4 + 8 = 12). Anschließend haben wir die Ziffer 1 in das Zehner-Quadrat im Hals der Giraffe eingetragen und die Ziffer 2 der Einer im gelben Quadrat am Bein platziert.

Daraufhin addiert Ihr Kind alle Zahlen auf der Zehnerstelle (in unserem Beispiel 1 + 2 + 3 = 6). 24 + 38 = 62.

1
+1 10 und größer
3 7
+ 2 7
6 4
Zehner Einer

1
+1 10 und größer
6 5
+ 1 5
8 0
Zehner Einer

+1 10 und größer
1 6
+ 2 6
Zehner Einer

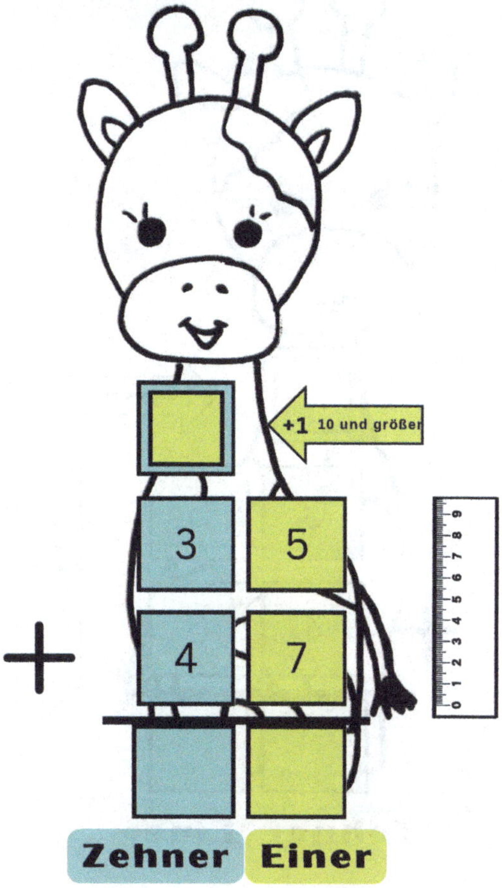
+1 10 und größer
3 5
+ 4 7
Zehner Einer

+1 10 und größer
1
6
+
2
5
Zehner
Einer

+1 10 und größer
6
7
+
2
5
Zehner
Einer

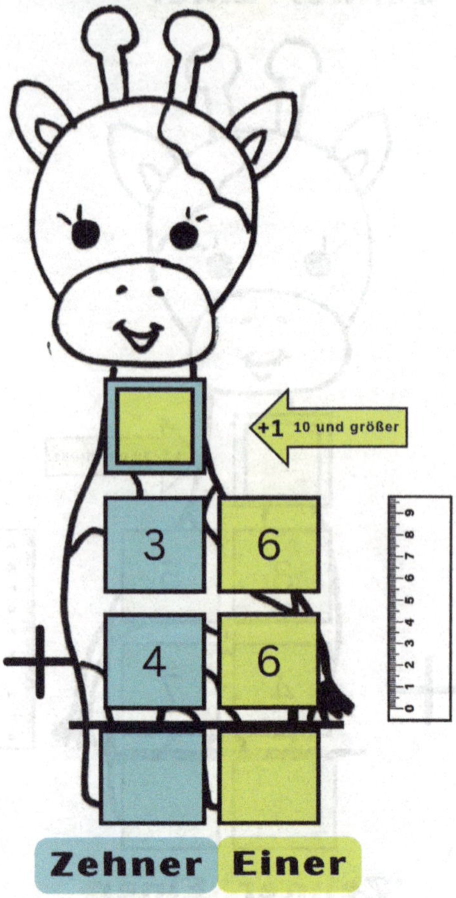
+1 10 und größer
3
6
+
4
6
Zehner
Einer

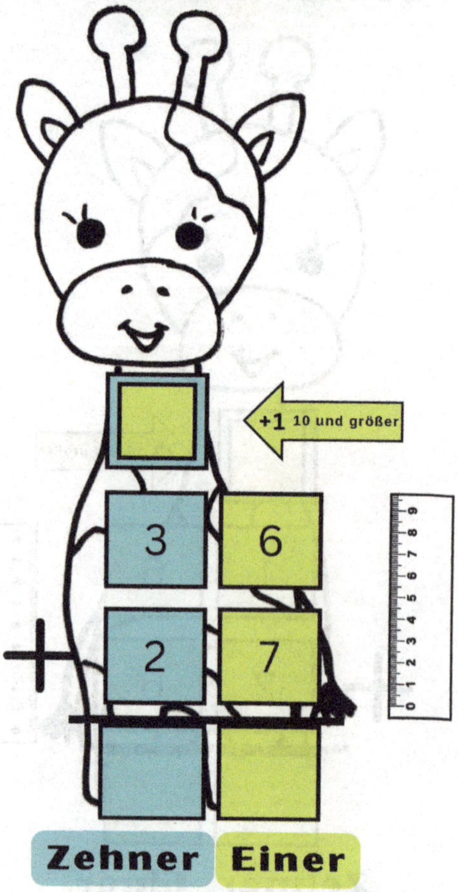
+1 10 und größer
3
6
+
2
7
Zehner
Einer

+1 10 und größer
2 6
+ 2 7
0 1 2 3 4 5 6 7 8 9
Zehner
Einer

+1 10 und größer
6 6
+ 2 5
0 1 2 3 4 5 6 7 8 9
Zehner
Einer

+1 10 und größer
4 6
+ 2 8
0 1 2 3 4 5 6 7 8 9
Zehner
Einer

+1 10 und größer
3 5
+ 5 6
0 1 2 3 4 5 6 7 8 9
Zehner
Einer

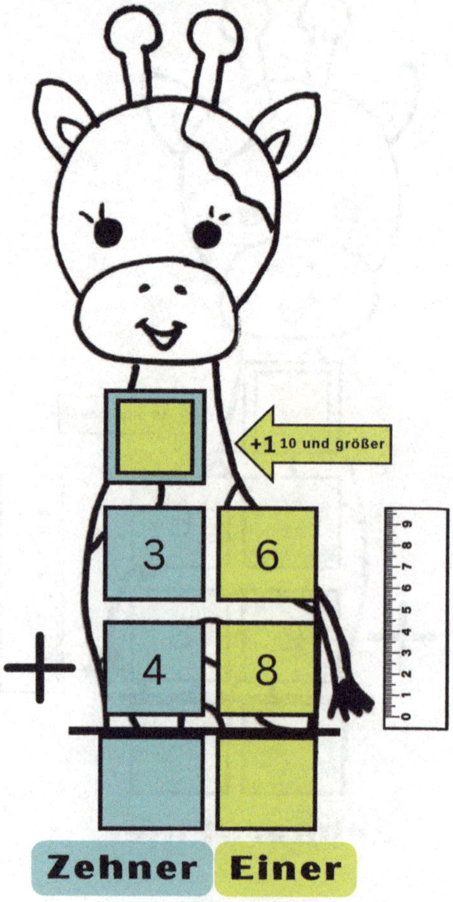

 ©www.densingmethod.com

+1
10 und größer
2
6
+
3
8
Zehner
Einer

+1
10 und größer
3
5
+
2
5
Zehner
Einer

+1
10 und größer
2
6
+
4
6
Zehner
Einer

+1
10 und größer
1
5
+
1
7
Zehner
Einer

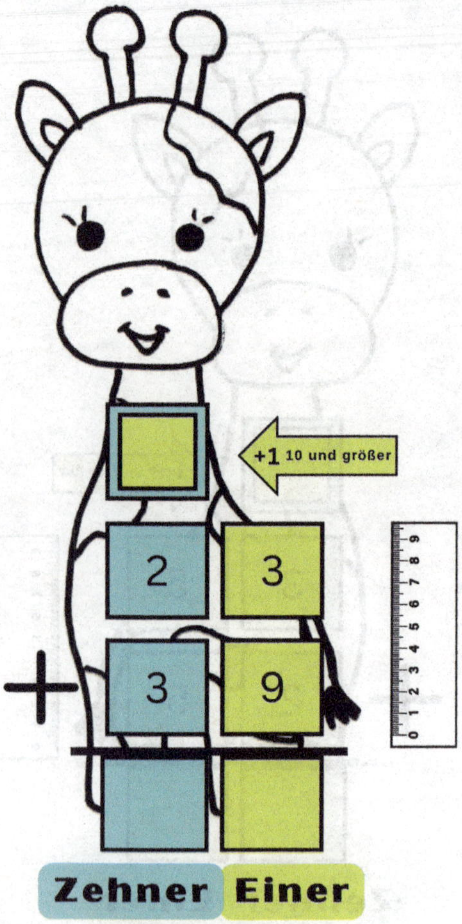
+1 10 und größer
2
3
+
3
9
Zehner
Einer

+1 10 und größer
3
7
+
2
8
Zehner
Einer

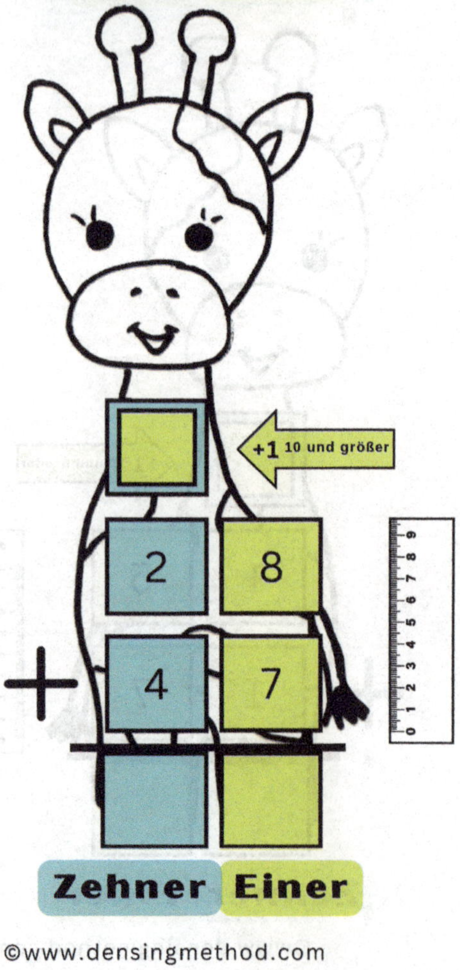
+1 10 und größer
2
8
+
4
7
Zehner
Einer

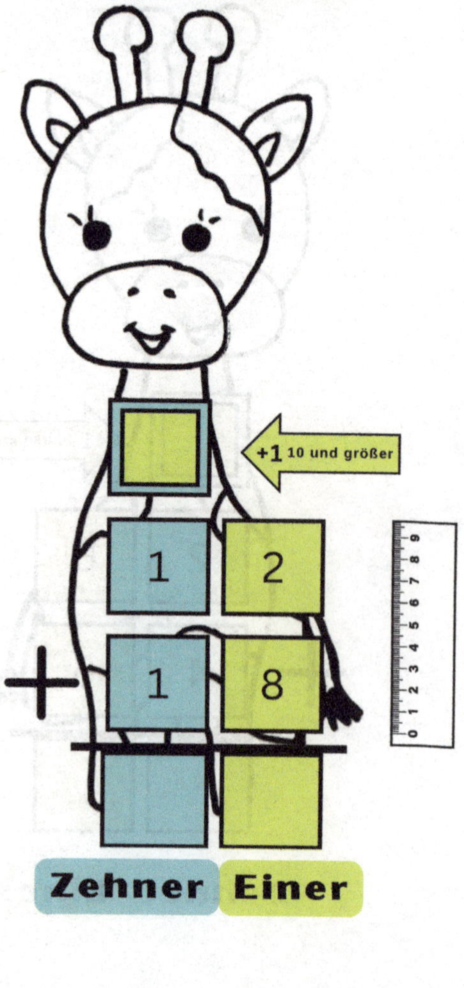
+1 10 und größer
1
2
+
1
8
Zehner
Einer

+1 10 und größer
2 7
+ 4 9
Zehner
Einer
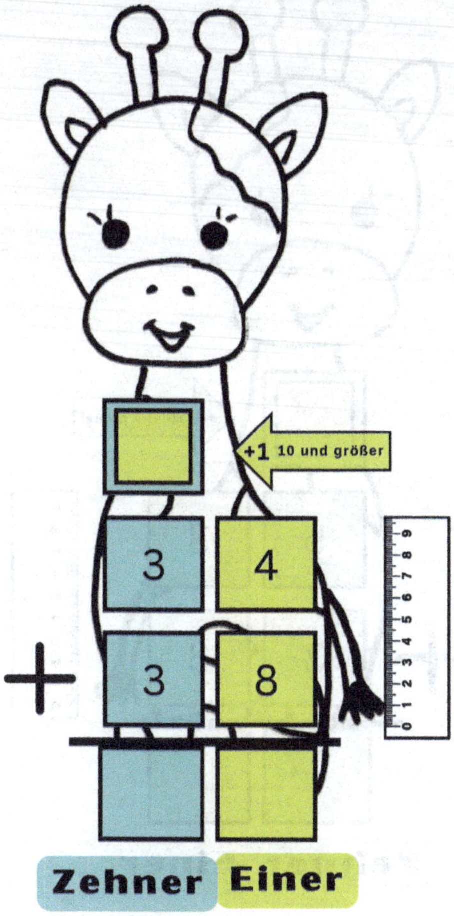
+1 10 und größer
3 4
+ 3 8
Zehner
Einer
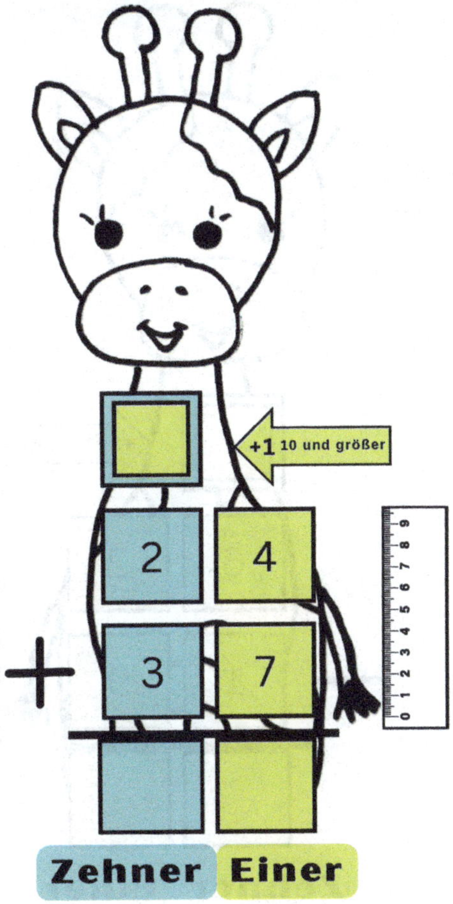
+1 10 und größer
2 4
+ 3 7
Zehner
Einer

+1 10 und größer
1 3
+ 3 8
Zehner
Einer

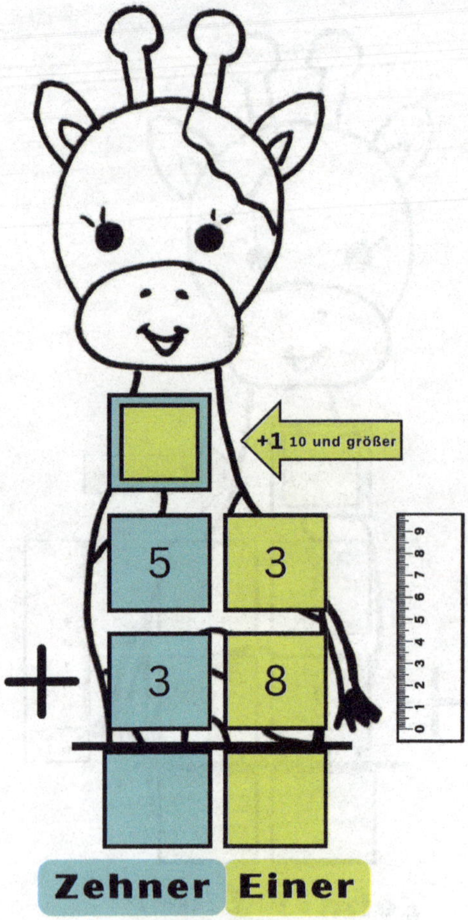
+1 10 und größer
5 3
+ 3 8
Zehner Einer

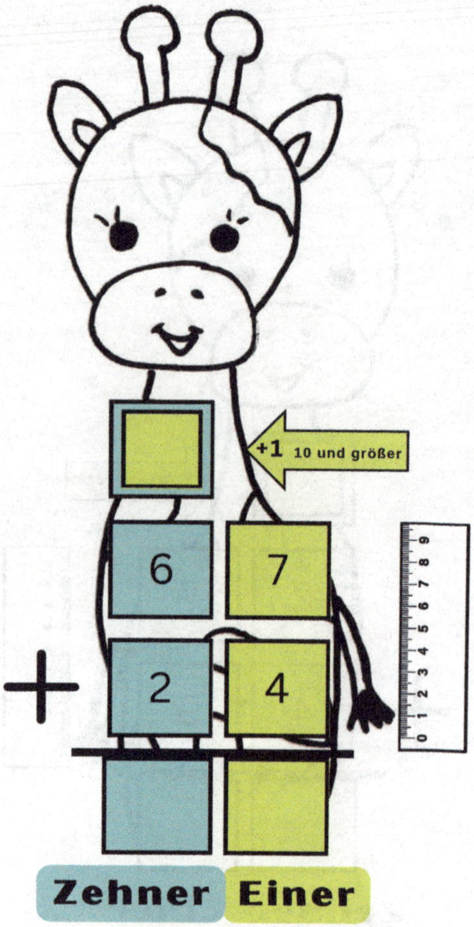
+1 10 und größer
6 7
+ 2 4
Zehner Einer

+1 10 und größer
4 8
+ 4 5
Zehner Einer

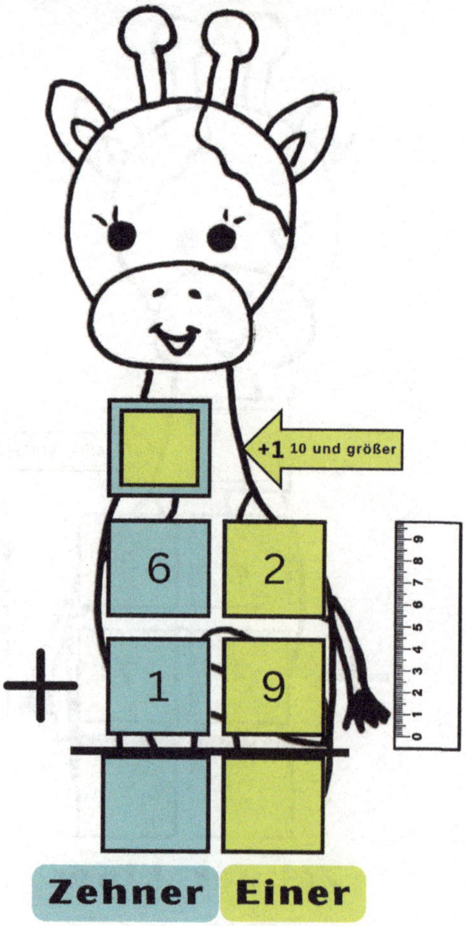
+1 10 und größer
6 2
+ 1 9
Zehner Einer

+1 10 und größer
3
6
+
3
8
Zehner
Einer

+1 10 und größer
4
8
+
2
4
Zehner
Einer

+1 10 und größer
2
7
+
4
5
Zehner
Einer

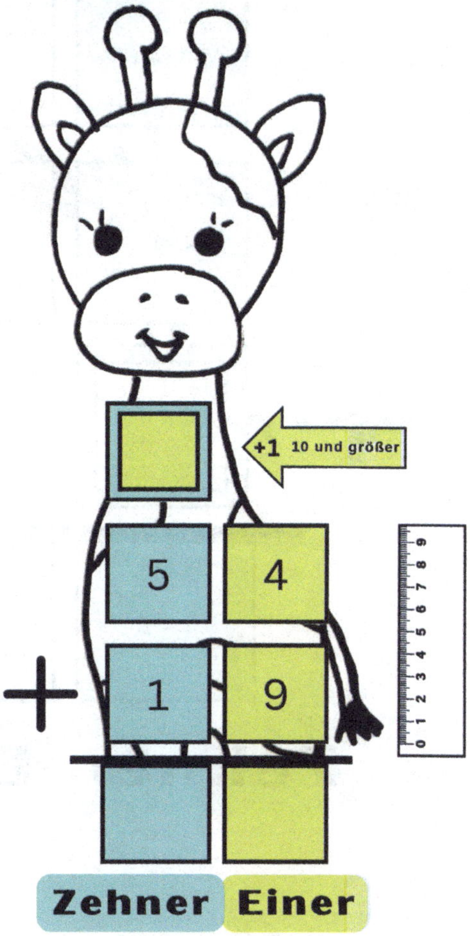
+1 10 und größer
5
4
+
1
9
Zehner
Einer

Schriftliche Addition mit Übertrag mit dem Flamingo

Einführung für Eltern und Lehrkräfte: Diese Flamingo-Additionsaufgaben befolgen die herkömmliche Additionsmethode und ermutigen Kinder, die übertragene 1 unter den Zahlen zu notieren. Finden Sie heraus, welche Methode Ihrem Kind leichter fällt. Es gibt verschiedene Ansätze, Addition zu lehren, und es ist wichtig, den Schülern*innen die Wahl zu lassen, welche Methode ihnen am verständlichsten erscheint. Dies fördert den Lernerfolg und stellt sicher, dass die Rechenoperation richtig verstanden wird.

2 8
3 7
+ 1
+1 10 und größer
6 5
Zehner Einer

1 7
4 5
+
+1 10 und größer
Zehner Einer

2 3
2 9
+
+1 10 und größer
Zehner Einer

3 7
4 7
+
+1 10 und größer
Zehner Einer

1
8
5
3
+
+1 10 und größer
Zehner
Einer

2
5
3
5
+
+1 10 und größer
Zehner
Einer

2
8
4
7
+
+1 10 und größer
Zehner
Einer

4
8
2
7
+
+1 10 und größer
Zehner
Einer

2
5
5
6
+
+1 10 und größer
Zehner
Einer

4
3
2
9
+
+1 10 und größer
Zehner
Einer

7
4
1
9
+
+1 10 und größer
Zehner
Einer

3
8
4
8
+
+1 10 und größer
Zehner
Einer

3
7
5
5
+
+1
10 und größer
Zehner
Einer

4
5
1
8
+
+1
10 und größer
Zehner
Einer

1
3
4
9
+
+1
10 und größer
Zehner
Einer

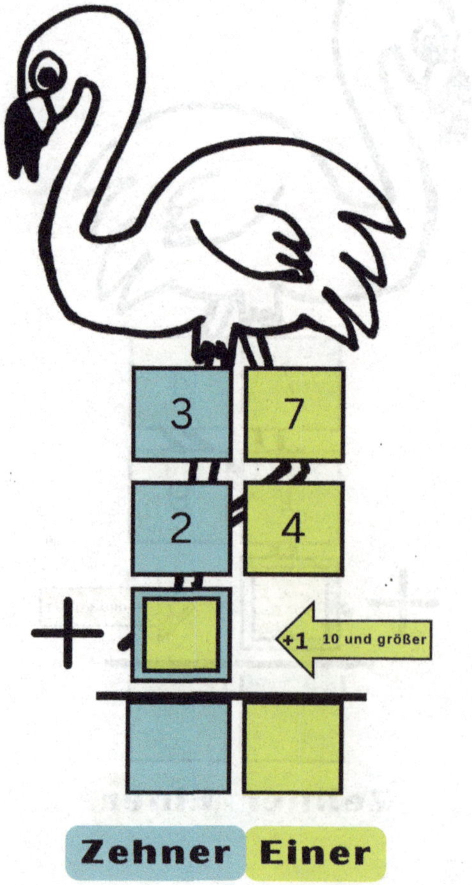
3
7
2
4
+
+1
10 und größer
Zehner
Einer

5
7
1
4
+
+1 10 und größer
Zehner
Einer

3
6
4
8
+
+1 10 und größer
Zehner
Einer

3
5
1
8
+
+1 10 und größer
Zehner
Einer

2
1
5
9
+
+1 10 und größer
Zehner
Einer

Schriftliche Subtraktion mit Übertrag mit der Maus und dem Elefanten

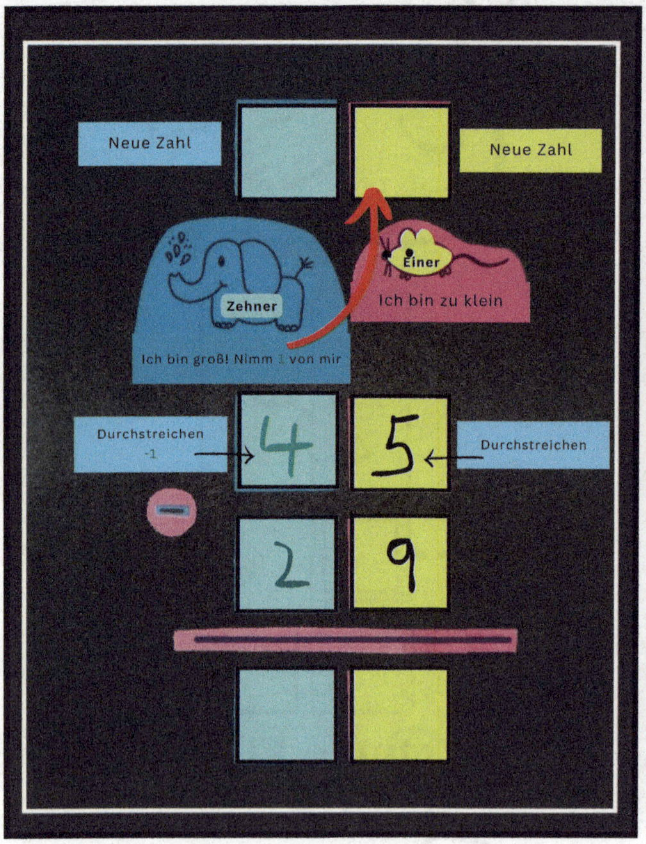

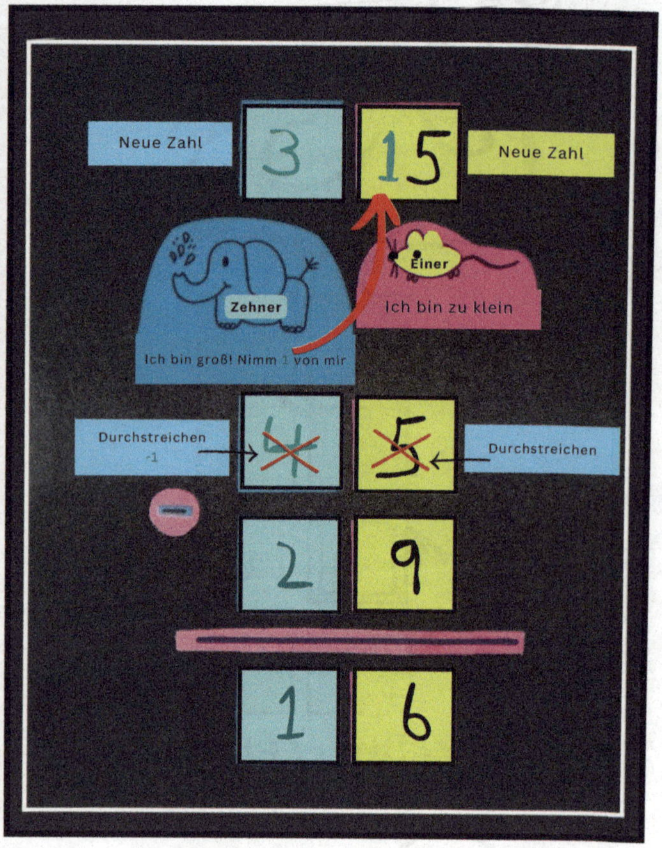

Einführung für Eltern und Lehrkräfte:

MINUEND (obere Zahl 45) - SUBTRAHEND (untere Zahl 29) = DIFFERENZ (Ergebnis 16)

Bei der schriftlichen Subtraktion müssen wir die Zahlen umgruppieren, wenn die Ziffer des Minuenden kleiner als die Ziffer des Subtrahenden ist. Kinder müssen lernen, die 1 von der nächsthöheren Stelle zu übernehmen und die Zahlen neu zu gruppieren. Diese Methode hilft Kindern dabei zu lernen, wie sie die Aufgaben neu formieren können, indem sie einen Zehner vom großen Elefanten an die kleine Maus übertragen. In unserem Beispiel müssen wir die Differenz zwischen 45 und 29 ermitteln. Wir beginnen mit den Einern. Da 5 kleiner als 9 ist, müssen wir uns einen Zehner vom Elefanten leihen. Wir streichen die Zahl 5 durch und schreiben 15 in das gelbe Kästchen über der Maus. Da wir 1 der Zehnerzahl des Elefanten geliehen haben, streichen wir auch die Zahl 4 durch und subtrahieren die geliehene 1 von 4. Wir schreiben die neue Zahl 3 in das blaue Kästchen über dem Elefanten und subtrahieren 9 von 15 und 2 von 3 und erhalten die Differenz von 16.

Neue Zahl	3	11	Neue Zahl

Durchstreichen -1	~~4~~	~~1~~	Durchstreichen
−	2	8	
	1	3	

Neue Zahl	5	12	Neue Zahl

Durchstreichen -1	~~6~~	~~2~~	Durchstreichen
−	1	7	
	4	5	

Neue Zahl			Neue Zahl

Durchstreichen	4	1	Durchstreichen
−	1	6	

Neue Zahl			Neue Zahl

Durchstreichen	6	2	Durchstreichen
−	3	7	

Neue Zahl | | | Neue Zahl

Durchstreichen	4	4	Durchstreichen
−	1	8	

Neue Zahl | | | Neue Zahl

Durchstreichen	6	6	Durchstreichen
−	2	7	

Neue Zahl | | | Neue Zahl

Durchstreichen	6	1	Durchstreichen
−	2	6	

Neue Zahl | | | Neue Zahl

Durchstreichen	4	2	Durchstreichen
−	1	4	

Neue Zahl			Neue Zahl

Durchstreichen	4	5	Durchstreichen
−	2	8	

Neue Zahl			Neue Zahl

Durchstreichen	7	2	Durchstreichen
−	3	7	

Neue Zahl			Neue Zahl

Durchstreichen	8	3	Durchstreichen
−	5	6	

Neue Zahl			Neue Zahl

Durchstreichen	9	1	Durchstreichen
−	2	4	

Neue Zahl | Neue Zahl

Durchstreichen	7	2	Durchstreichen
−	4	6	

Neue Zahl | Neue Zahl

Durchstreichen	5	8	Durchstreichen
−	3	9	

Neue Zahl | Neue Zahl

Durchstreichen	7	5	Durchstreichen
−	4	6	

Neue Zahl | Neue Zahl

Durchstreichen	8	1	Durchstreichen
−	3	7	

 ©www.densingmethod.com

Neue Zahl | | | Neue Zahl

Durchstreichen	6	7	Durchstreichen
−	4	8	

Neue Zahl | | | Neue Zahl

Durchstreichen	7	2	Durchstreichen
−	4	7	

Neue Zahl | | | Neue Zahl

Durchstreichen	6	3	Durchstreichen
−	4	5	

Neue Zahl | | | Neue Zahl

Durchstreichen	7	6	Durchstreichen
−	1	7	

Neue Zahl | Neue Zahl

Durchstreichen | 3 | 7 | Durchstreichen

− | 1 | 8

Neue Zahl | Neue Zahl

Durchstreichen | 7 | 4 | Durchstreichen

− | 5 | 6

Neue Zahl | Neue Zahl

Durchstreichen | 9 | 3 | Durchstreichen

− | 7 | 5

Neue Zahl | Neue Zahl

Durchstreichen | 6 | 6 | Durchstreichen

− | 2 | 7

 ©www.densingmethod.com

	Zehner	Einer	
Neue Zahl			Neue Zahl

Durchstreichen	5	5	Durchstreichen
−	1	8	

	Zehner	Einer	
Neue Zahl			Neue Zahl

Durchstreichen	6	2	Durchstreichen
−	3	3	

	Zehner	Einer	
Neue Zahl			Neue Zahl

Durchstreichen	7	3	Durchstreichen
−	5	5	

	Zehner	Einer	
Neue Zahl			Neue Zahl

Durchstreichen	8	6	Durchstreichen
−	3	9	

	Zehner	Einer	
Neue Zahl			Neue Zahl

Durchstreichen	7	5	Durchstreichen
−	1	6	

	Zehner	Einer	
Neue Zahl			Neue Zahl

Durchstreichen	5	2	Durchstreichen
−	1	7	

	Zehner	Einer	
Neue Zahl			Neue Zahl

Durchstreichen	7	1	Durchstreichen
−	4	5	

	Zehner	Einer	
Neue Zahl			Neue Zahl

Durchstreichen	9	6	Durchstreichen
−	5	9	

Neue Zahl | Neue Zahl

	Zehner	Einer	
Durchstreichen	7	0	Durchstreichen
−	1	8	

Neue Zahl | Neue Zahl

	Zehner	Einer	
Durchstreichen	7	2	Durchstreichen
−	4	7	

Neue Zahl | Neue Zahl

	Zehner	Einer	
Durchstreichen	6	1	Durchstreichen
−	4	7	

Neue Zahl | Neue Zahl

	Zehner	Einer	
Durchstreichen	8	6	Durchstreichen
−	5	7	

©www.densingmethod.com

Schriftliche Subtraktion mit Übertrag mit dem Fisch

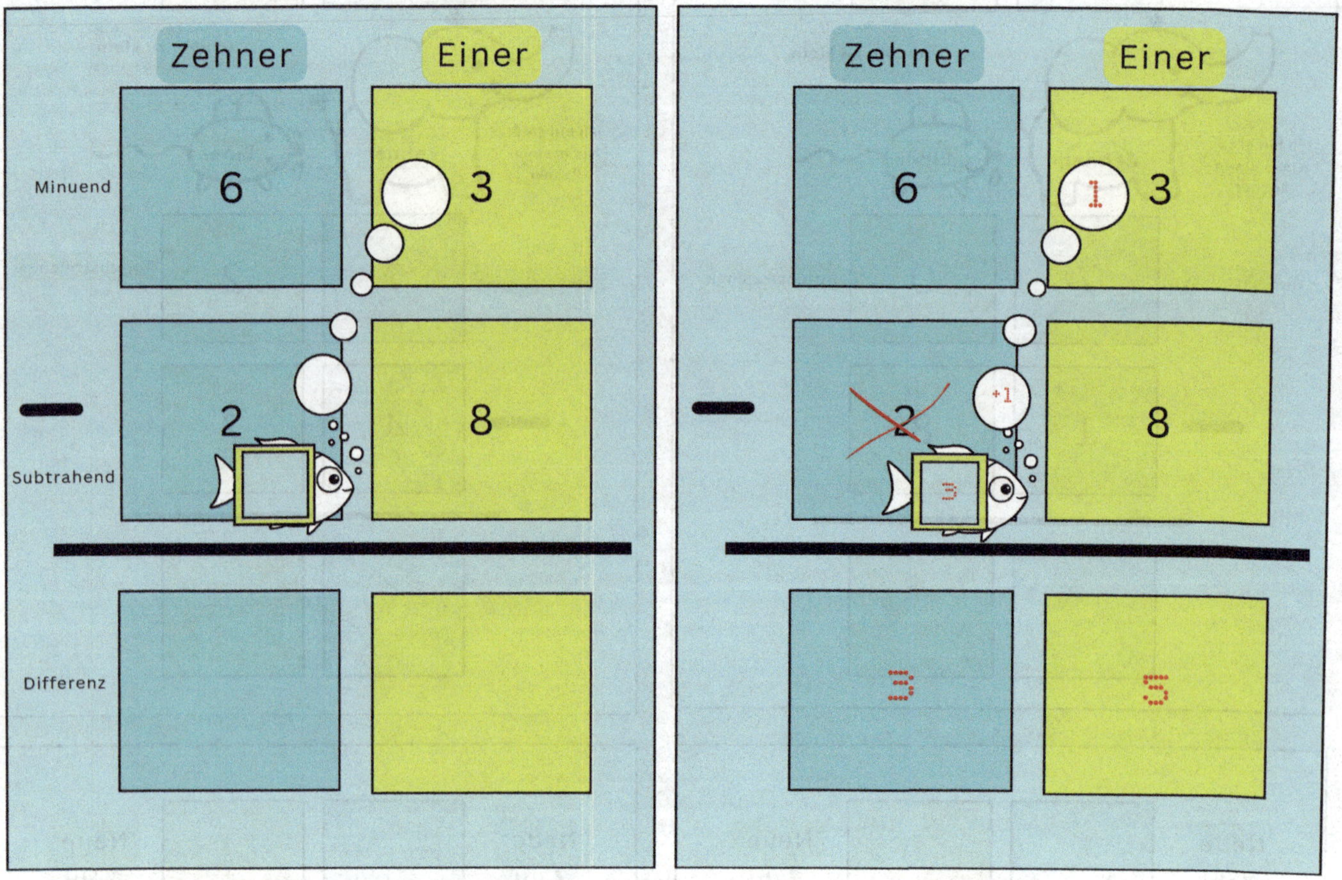

Einführung für Eltern und Lehrkräfte: Es gibt verschiedene Möglichkeiten, Subtraktion zu erklären. Finden Sie heraus, welche Methode Ihren Schülern*innen am besten zusagt. Bei dieser Variante wird die geliehene Eins zur Zehnerstelle des Subtrahenden addiert. Gleichzeitig hat Ihr Kind die Möglichkeit, die geliehene Eins vor die Einerstelle des Minuenden zu schreiben, um die Zahlen leichter subtrahieren zu können.

In unserem Beispiel subtrahierten Ihre Schüler*innen 28 von 63. Sie beginnen mit den Einern. Da 3 kleiner als 8 ist, muss man sich einen Zehner leihen und schreibt eine 1 in die Blase vor die Einerstelle, sodass man 13 erhält. Da ein Zehner geliehen wurde, muss nun ein Zehner mehr abgezogen werden, daher wird +1 zur Zehnerstelle des Subtrahenden addiert. Ihr Kind kann die Zahl 2 durchstreichen und die neue Zahl 3 (2+1) in das gelb/blaue Feld im Fisch eintragen. Nun kann es 13-8 berechnen und die Differenz von 5 in das untere Einerfeld eintragen.
Dann geht es weiter mit den Zehnern. Ihr Kind kann nun 6-3 (2+1) rechnen und die Differenz von 3 in das Feld unter den Zehnern eintragen. 63 - 28 = 35

	Zehner	Einer
	4	(1) 3
−	~~1~~ (+1) 2	5
	2	8

	Zehner	Einer
	5	6
−	2	9

	Zehner	Einer
	9	7
−	6	8

	Zehner	Einer
	8	5
−	5	6

	Zehner	Einer
	6	5
−	3	9

	Zehner	Einer
	7	6
−	2	7

	Zehner	Einer
	8	1
−	5	8

	Zehner	Einer
	4	3
−	2	6

 ©www.densingmethod.com

	Zehner	Einer
	4	2
−	1	9

	Zehner	Einer
	6	6
−	2	9

	Zehner	Einer
	7	5
−	4	8

	Zehner	Einer
	5	2
−	3	6

	Zehner	Einer
	5	5
−	3	6

	Zehner	Einer
	6	6
−	2	9

	Zehner	Einer
	6	3
−	3	8

	Zehner	Einer
	3	3
−	1	9

 ©www.densingmethod.com

	Zehner	Einer
	9	5
−	3	6

	Zehner	Einer
	6	2
−	2	3

	Zehner	Einer
	7	6
−	4	8

	Zehner	Einer
	8	3
−	4	4

	Zehner	Einer
	8	8
−	4	9

	Zehner	Einer
	5	6
−	2	9

	Zehner	Einer
	8	7
−	4	8

	Zehner	Einer
	7	3
−	5	4

 ©www.densingmethod.com

	Zehner	Einer
	4	5
−	1	6

	Zehner	Einer
	5	3
−	2	5

	Zehner	Einer
	7	6
−	1	8

	Zehner	Einer
	6	3
−	3	4

Schriftliche Addition mit Übertrag mit dem Storch, dem Frosch und der Fliege Variante 1:

Einführung für Eltern und Lehrkräfte: Beim herkömmlichen Additionsalgorithmus kann es für Kinder schwierig sein, daran zu denken, die übertragene 1 zu addieren. Diese Methode begegnet dieser Herausforderung, indem es für die übertragene 1 einen visuell hervorgehobenen Kasten über den hungrigen Tieren bereitstellt. Kinder lernen durch das Thema der hungrigen Tiere, dieses Konzept besser zu verstehen. In diesem spielerischen Szenario frisst der Frosch die übertragene 1 von der Fliege und der Storch die übertragene 1 vom Frosch.

	Hunderter	Zehner	Einer
	1	1	

	2	6	5
+	1	7	8
	4	4	3

	Hunderter	Zehner	Einer

	3	5	6
+	2	4	9

	Hunderter	Zehner	Einer

	2	6	5
+	1	8	9

	Hunderter	Zehner	Einer

	3	6	7
+	1	4	9

	1	5	7
+	1	6	8

	1	6	6
+	2	4	7

	2	6	5
+	3	5	9

	3	7	6
+	3	3	5

Hunderter	Zehner	Einer

	Hunderter	Zehner	Einer
	4	3	7
+	2	8	4

Hunderter	Zehner	Einer

	Hunderter	Zehner	Einer
	1	9	5
+	2	4	5

Hunderter	Zehner	Einer

	Hunderter	Zehner	Einer
	2	6	5
+	6	6	7

Hunderter	Zehner	Einer

	Hunderter	Zehner	Einer
	3	6	5
+	3	7	8

Hunderter | Zehner | Einer

	Hunderter	Zehner	Einer
	3	3	9
+	1	8	4

Hunderter | Zehner | Einer

	Hunderter	Zehner	Einer
	5	8	5
+	2	4	7

Hunderter | Zehner | Einer

	Hunderter	Zehner	Einer
	2	9	5
+	4	6	9

Hunderter | Zehner | Einer

	Hunderter	Zehner	Einer
	4	6	3
+	2	5	8

©www.densingmethod.com

	Hunderter	Zehner	Einer
	1	3	6
+	1	9	4

	Hunderter	Zehner	Einer
	4	8	5
+	2	3	6

	Hunderter	Zehner	Einer
	4	3	2
+	4	8	9

	Hunderter	Zehner	Einer
	6	7	3
+	2	3	7

Schriftliche Addition mit Übertrag mit dem Storch, dem Frosch und der Fliege Variante 2:

Einführung für Eltern und Lehrkräfte: Alternativ können Sie Ihren Schülern auch die Möglichkeit geben, den Übertrag unter den Zahlen zu notieren. Schauen Sie, welche Option für das Kind leichter zu verstehen ist. Es gibt mehrere Möglichkeiten, Addition zu lehren, und es ist wichtig, Schülern*Innen die Möglichkeit zu geben, die für sie am einfachsten zu verstehende Variante zu wählen. Dies führt zu einem höheren Lernerfolg und stellt sicher, dass die Rechenoperation verstanden wird.

	Hunderter	Zehner	Einer
	2	7	6
+	3	5	7

	Hunderter	Zehner	Einer
	6	3	3

	Hunderter	Zehner	Einer
	7	7	5
+	1	3	7

	Hunderter	Zehner	Einer

	Hunderter	Zehner	Einer
	5	6	8
+	2	6	7

	Hunderter	Zehner	Einer

	Hunderter	Zehner	Einer
	4	8	7
+	2	7	7

	Hunderter	Zehner	Einer

	Hunderter	Zehner	Einer
	3	7	5
+	2	3	6

	Hunderter	Zehner	Einer
	2	6	5
+	1	3	5

	Hunderter	Zehner	Einer
	2	6	7
+	2	5	7

	Hunderter	Zehner	Einer
	1	4	7
+	2	7	9

 ©www.densingmethod.com

	Hunderter	Zehner	Einer
	3	7	5
+	3	8	8

	Hunderter	Zehner	Einer
	2	7	2
+	1	4	9

	Hunderter	Zehner	Einer
	5	8	7
+	3	6	7

	Hunderter	Zehner	Einer
	2	8	6
+	2	5	5

©www.densingmethod.com

	Hunderter	Zehner	Einer
	4	7	6
+	2	5	7

	Hunderter	Zehner	Einer
	1	8	5
+	1	3	9

	Hunderter	Zehner	Einer
	3	4	8
+	4	6	5

	Hunderter	Zehner	Einer
	5	8	4
+	2	5	7

 ©www.densingmethod.com

	Hunderter	Zehner	Einer
	3	7	7
+	3	5	5

	Hunderter	Zehner	Einer
	3	6	5
+	1	4	6

	Hunderter	Zehner	Einer
	6	7	8
+	2	6	4

	Hunderter	Zehner	Einer
	2	8	6
+	2	8	7

©www.densingmethod.com

Schriftliche Subtraktion im Hunderter-Bereich mit Dinos

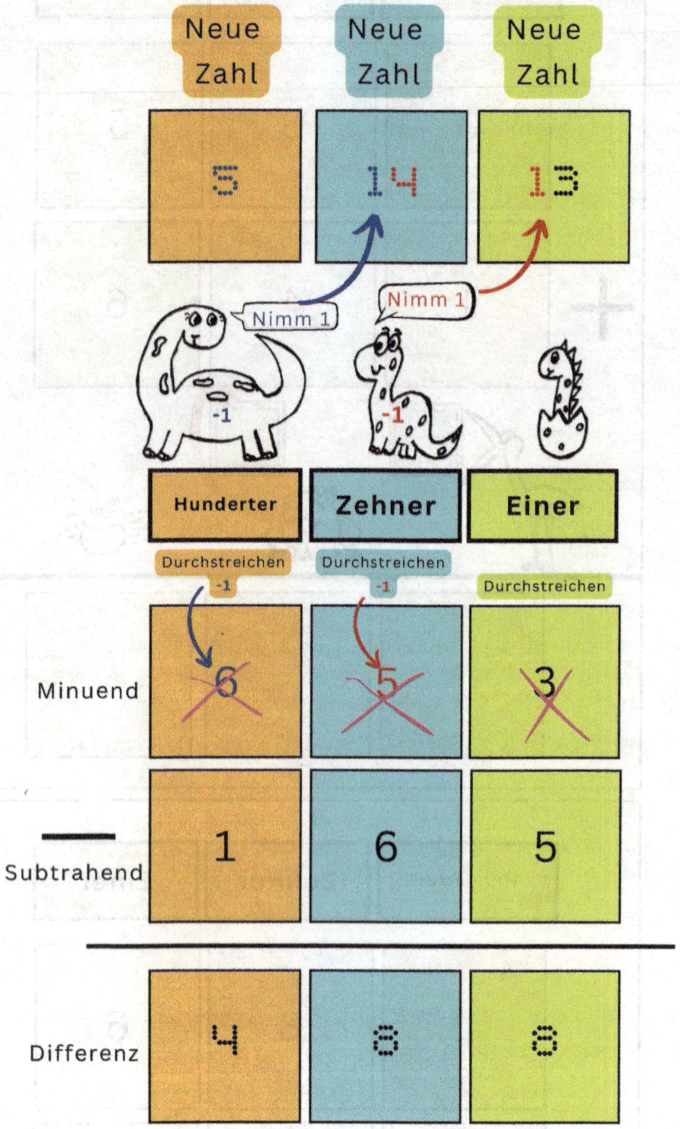

Einführung für Eltern und Lehrkräfte

Minuend (obere Zahl 653) - Subtrahend (untere Zahl 165) = Differenz (Ergebnis 488)

Diese Dinosaurier-Aufgaben, helfen Kindern dabei zu lernen, wie sie Subtraktionen im Bereich der Hunderter durchführen können. In unserem Beispiel müssen wir die Differenz zwischen 653 und 165 ermitteln. Wir beginnen mit dem Babydinosaurier im Ei, der die Einer repräsentiert. Da 3 kleiner als 5 ist, müssen wir uns einen Zehner vom größeren Bruder Dino leihen. Wir streichen die Zahl 3 durch und schreiben 13 in das gelbe Kästchen über dem Babydinosaurier. Da wir einen Zehner des Dino-Bruders geliehen haben, streichen wir auch den Minuend der Zehner durch und subtrahieren 1 von 5. Wir schreiben die neue Zahl 4 in das blaue Kästchen über dem Dino-Bruder. Wir betrachten die Zehner. Da die neue Zahl des Zehner-Minuenden 4 kleiner ist als die Zahl 6 des Subtrahend, müssen wir nun einen Hunderter von der Dino-Mama nehmen.

Diese 1 schreiben wir in das obere Kästchen über dem Dino-Bruder und erhalten nun die Zahl 14. Da wir einen Hunderter genommen haben, streichen wir die Zahl 6 des Dino-Mama-Minuends durch und subtrahieren 1. Wir erhalten die neue Zahl 5 und schreiben diese in das orange Kästchen über der Dino-Mama. Nun können wir die Zahlen subtrahieren. Wir beginnen mit den Einer und subtrahieren 5 von 13 und erhalten 8. Dann schauen wir nach den Zehnern und subtrahieren 6 von 14 und erhalten 8. Zuletzt schauen wir auf die Hunderter und subtrahieren 1 von 5 und erhalten 4. Unser Ergebnis von 653-165 lautet 488.

Subtraktion ist etwas schwieriger zu verstehen und zu meistern. Je mehr Kinder die Übungen wiederholen, desto verständlicher wird das Konzept der Subtraktion. Es gibt verschiedene Wege, Subtraktion zu lehren. Diese bieten Kindern eine visuelle Hilfe, um das Konzept zu verstehen.

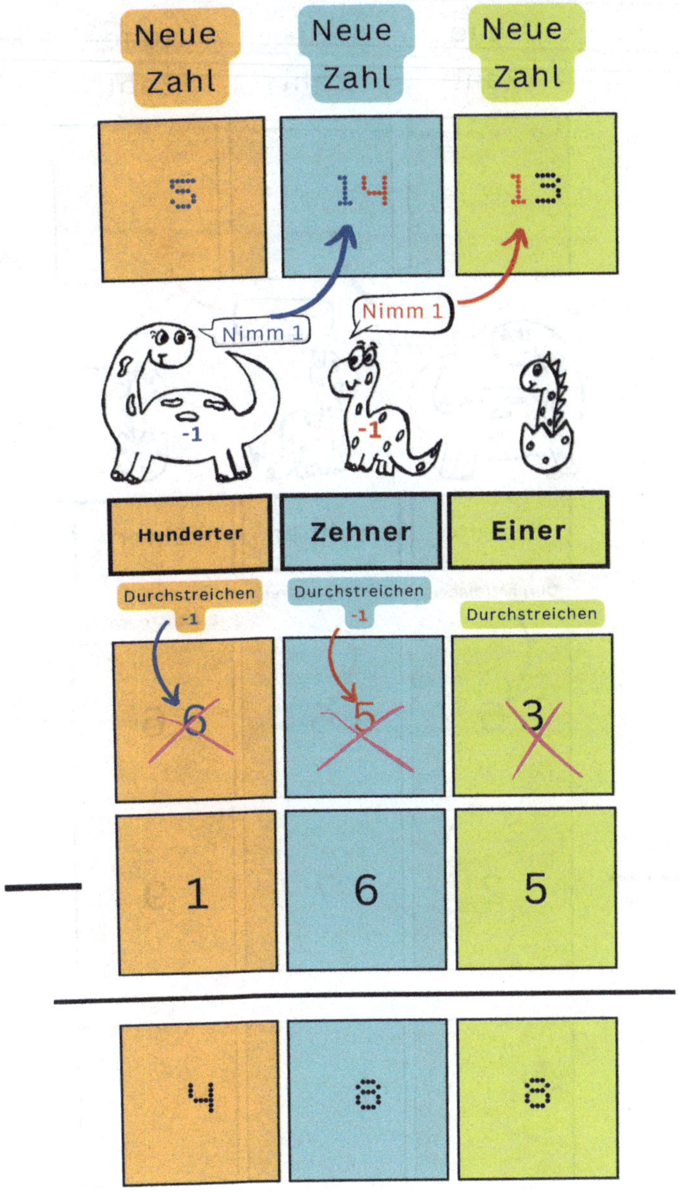
Neue Zahl
Neue Zahl
Neue Zahl
5
14
13
Nimm 1
Nimm 1
-1
-1
Hunderter
Zehner
Einer
Durchstreichen -1
Durchstreichen -1
Durchstreichen
6
5
3
—
1
6
5
4
8
8

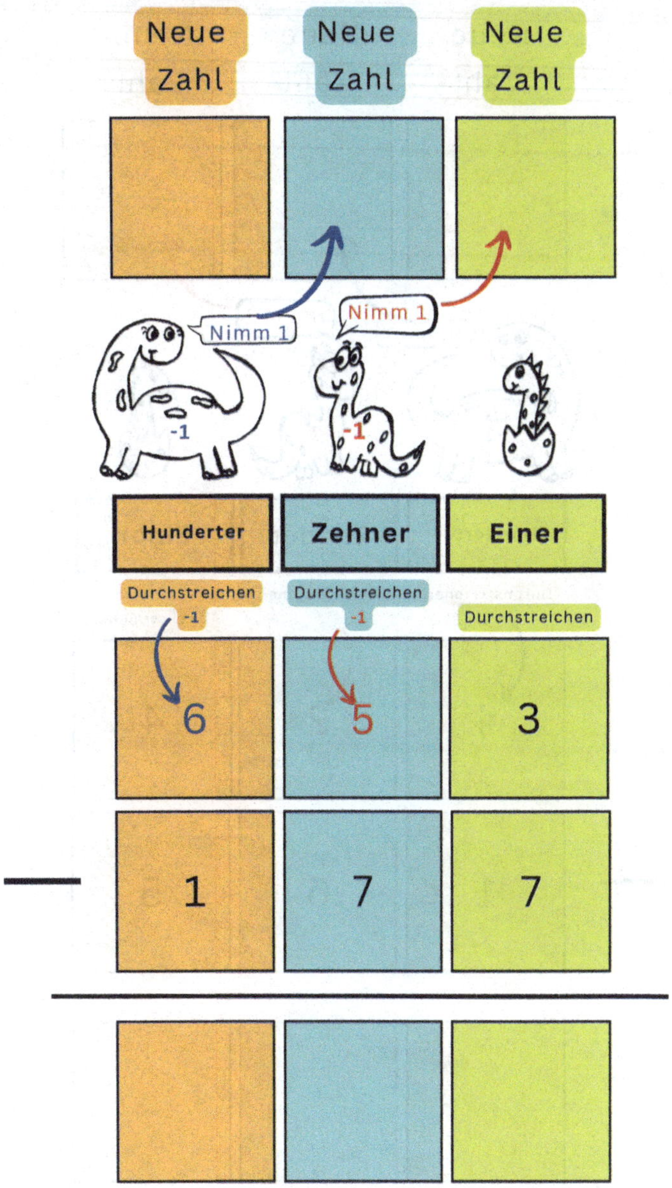
Neue Zahl
Neue Zahl
Neue Zahl
Nimm 1
Nimm 1
-1
-1
Hunderter
Zehner
Einer
Durchstreichen -1
Durchstreichen -1
Durchstreichen
6
5
3
—
1
7
7

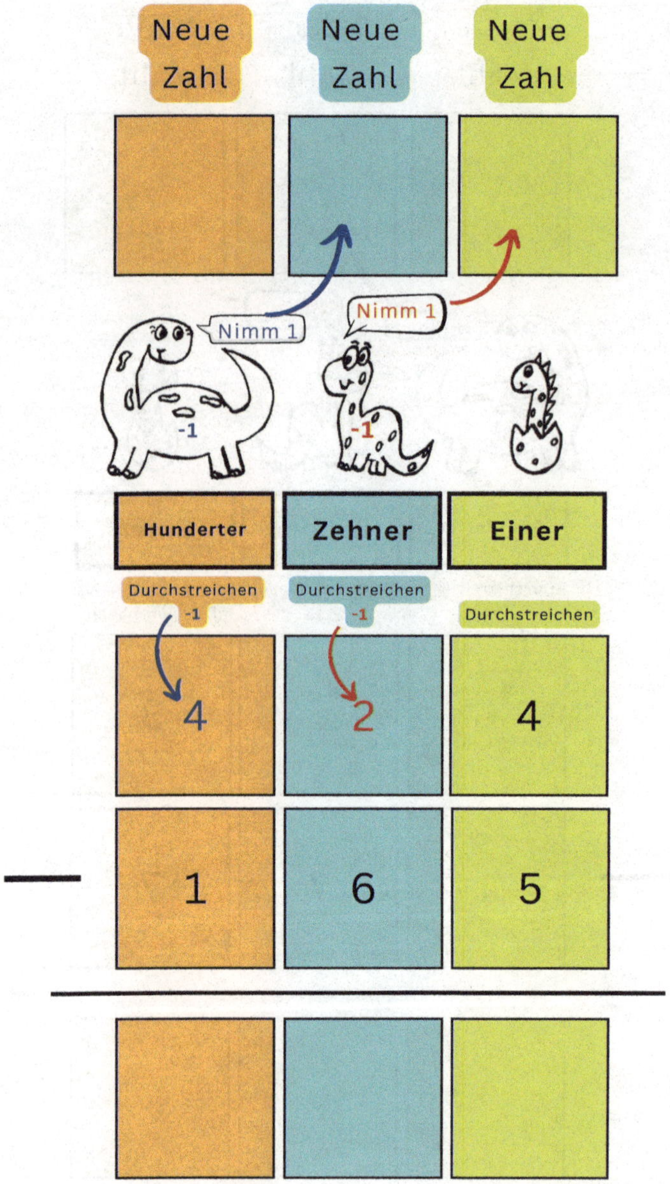

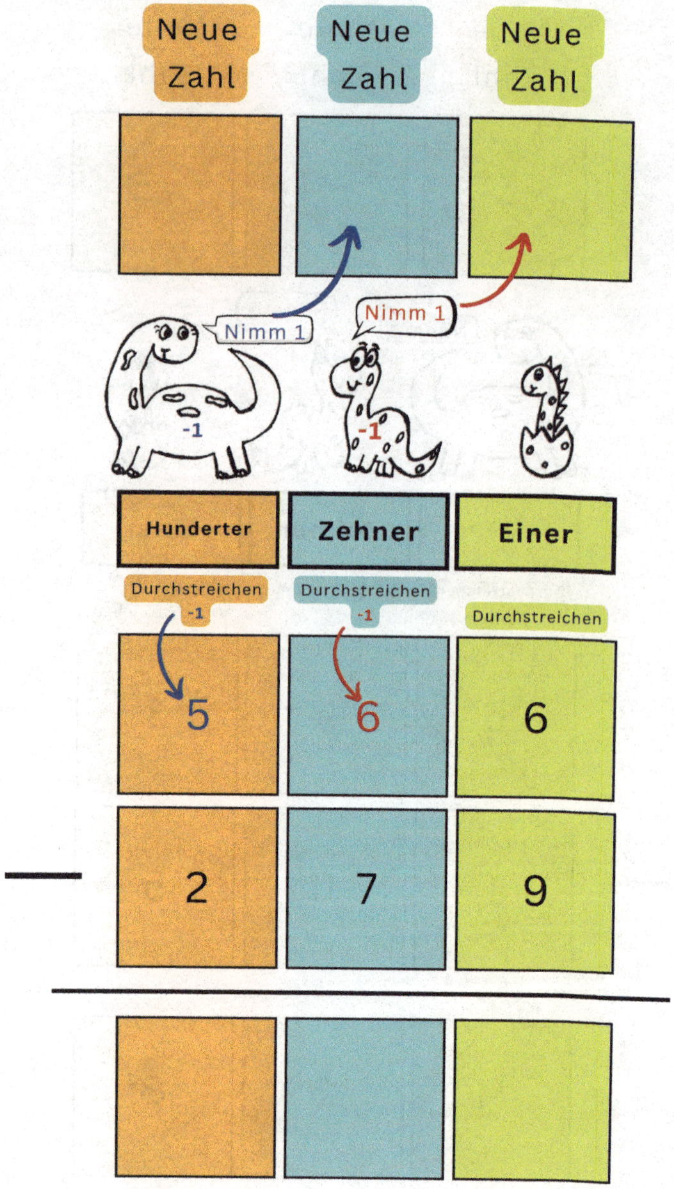

 ©www.densingmethod.com

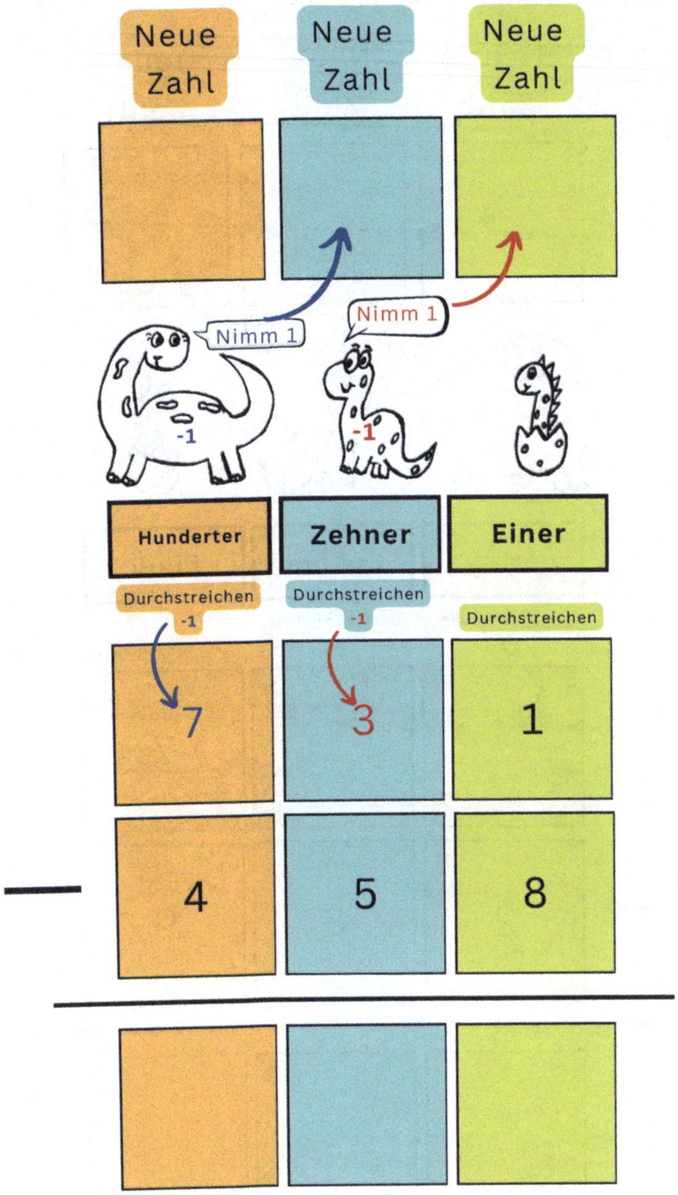
Neue Zahl
Neue Zahl
Neue Zahl
Nimm 1
Nimm 1
-1
-1
Hunderter
Zehner
Einer
Durchstreichen -1
Durchstreichen -1
Durchstreichen
7 3 1
− 4 5 8

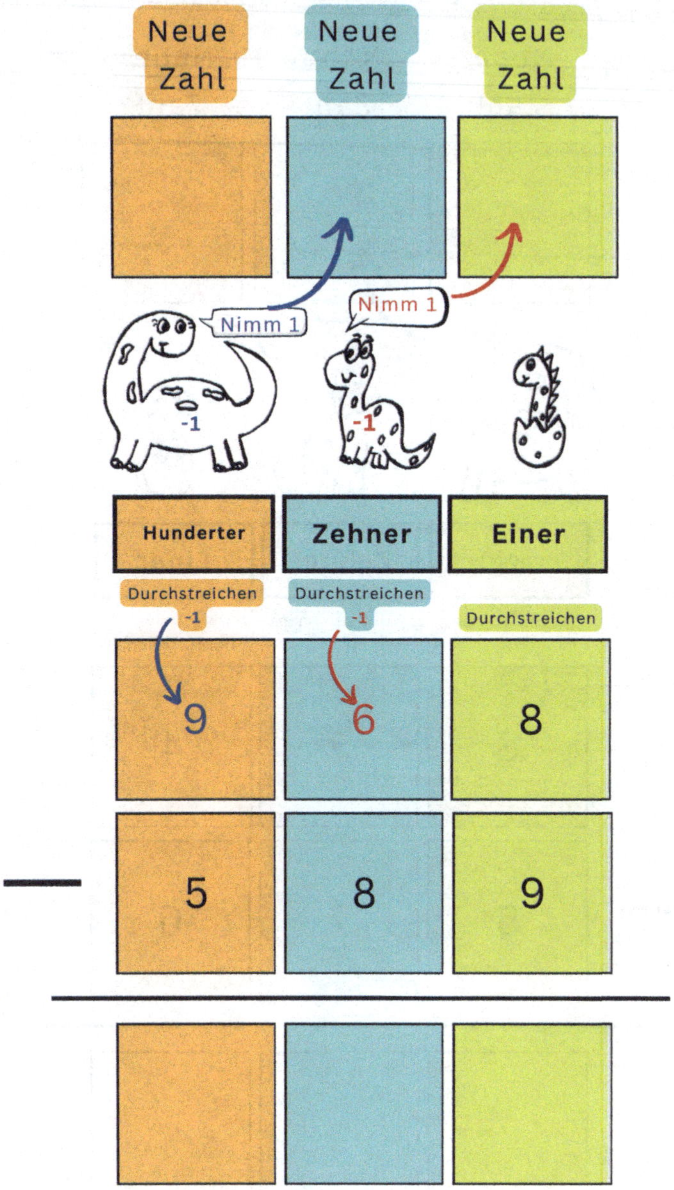
Neue Zahl
Neue Zahl
Neue Zahl
Nimm 1
Nimm 1
-1
-1
Hunderter
Zehner
Einer
Durchstreichen -1
Durchstreichen -1
Durchstreichen
9 6 8
− 5 8 9

Neue Zahl	Neue Zahl	Neue Zahl

	Hunderter	Zehner	Einer
	Durchstreichen -1	Durchstreichen -1	Durchstreichen
	8	3	4
−	5	7	6

Neue Zahl	Neue Zahl	Neue Zahl

	Hunderter	Zehner	Einer
	Durchstreichen -1	Durchstreichen -1	Durchstreichen
	7	5	7
−	2	8	9

 ©www.densingmethod.com

Neue Zahl	Neue Zahl	Neue Zahl

Hunderter	Zehner	Einer
Durchstreichen -1	Durchstreichen -1	Durchstreichen
8	3	4
− 3	9	5

Neue Zahl	Neue Zahl	Neue Zahl

Hunderter	Zehner	Einer
Durchstreichen -1	Durchstreichen -1	Durchstreichen
7	2	5
− 3	4	7

Neue Zahl	Neue Zahl	Neue Zahl

	Hunderter	Zehner	Einer
	Durchstreichen -1	Durchstreichen -1	Durchstreichen
	8	3	4
−	2	5	7

Neue Zahl	Neue Zahl	Neue Zahl

	Hunderter	Zehner	Einer
	Durchstreichen -1	Durchstreichen -1	Durchstreichen
	5	2	5
−	3	8	9

 ©www.densingmethod.com

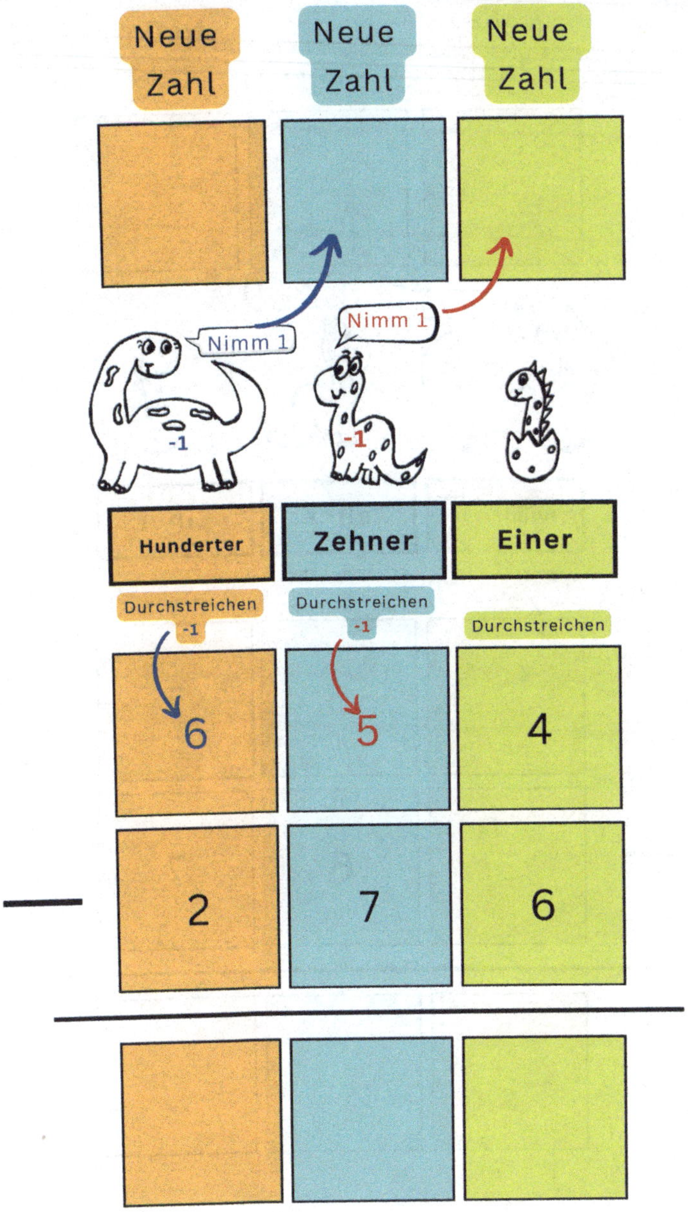
Neue Zahl
Neue Zahl
Neue Zahl
Nimm 1
Nimm 1
-1
-1
Hunderter
Zehner
Einer
Durchstreichen -1
Durchstreichen -1
Durchstreichen
6 5 4
− 2 7 6

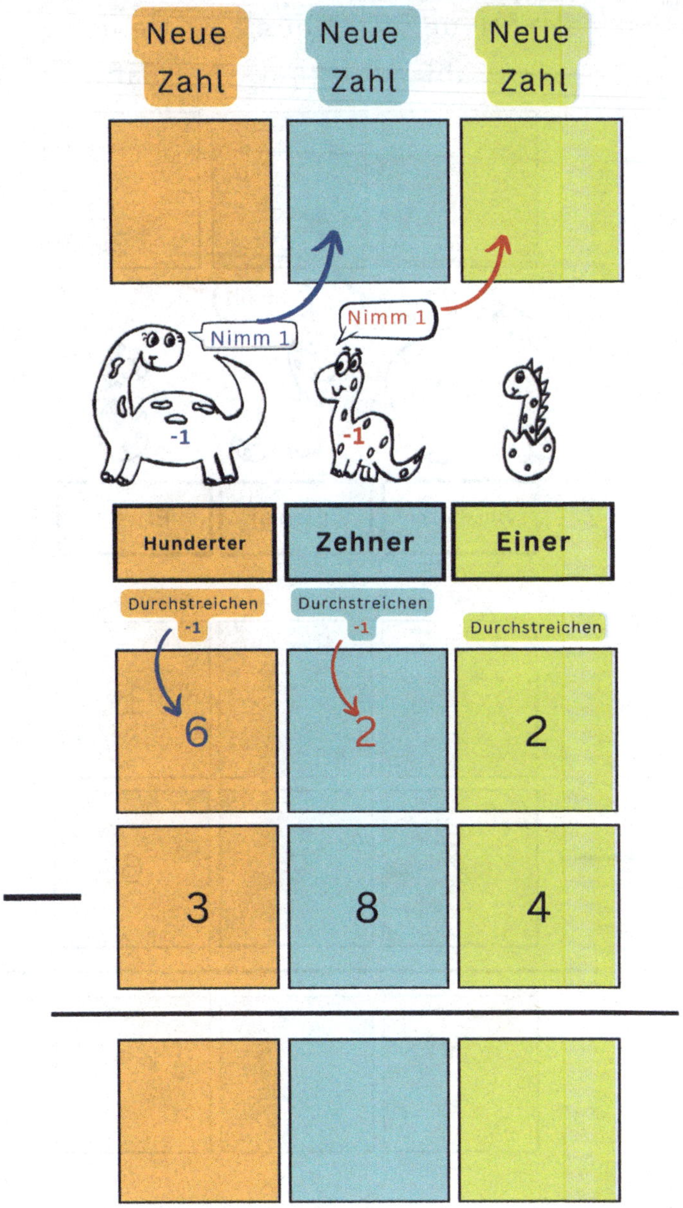
Neue Zahl
Neue Zahl
Neue Zahl
Nimm 1
Nimm 1
-1
-1
Hunderter
Zehner
Einer
Durchstreichen -1
Durchstreichen -1
Durchstreichen
6 2 2
− 3 8 4

Neue Zahl	Neue Zahl	Neue Zahl

	Hunderter	Zehner	Einer
	Durchstreichen -1	Durchstreichen -1	Durchstreichen
	4	4	1
—	2	9	6

Neue Zahl	Neue Zahl	Neue Zahl

	Hunderter	Zehner	Einer
	Durchstreichen -1	Durchstreichen -1	Durchstreichen
	7	5	5
—	3	6	7

Neue Zahl	Neue Zahl	Neue Zahl

	Hunderter	Zehner	Einer
	Durchstreichen -1	Durchstreichen -1	Durchstreichen
	7	3	3
−	5	9	5

Neue Zahl	Neue Zahl	Neue Zahl

	Hunderter	Zehner	Einer
	Durchstreichen -1	Durchstreichen -1	Durchstreichen
	7	6	2
−	1	9	7

Neue Zahl	Neue Zahl	Neue Zahl

	Hunderter	Zehner	Einer
	Durchstreichen -1	Durchstreichen -1	Durchstreichen
	9	5	4
−	4	6	6

Neue Zahl	Neue Zahl	Neue Zahl

	Hunderter	Zehner	Einer
	Durchstreichen -1	Durchstreichen -1	Durchstreichen
	7	3	2
−	3	5	4

 ©www.densingmethod.com

Neue Zahl	Neue Zahl	Neue Zahl

	Hunderter	Zehner	Einer
	Durchstreichen -1	Durchstreichen -1	Durchstreichen
	5	4	3
−	1	7	4

Neue Zahl	Neue Zahl	Neue Zahl

	Hunderter	Zehner	Einer
	Durchstreichen -1	Durchstreichen -1	Durchstreichen
	6	3	4
−	2	7	8

Neue Zahl
Neue Zahl
Neue Zahl
Nimm 1
Nimm 1
-1
-1
Hunderter
Zehner
Einer
Durchstreichen -1
Durchstreichen -1
Durchstreichen
4
3
5
—
2
4
7

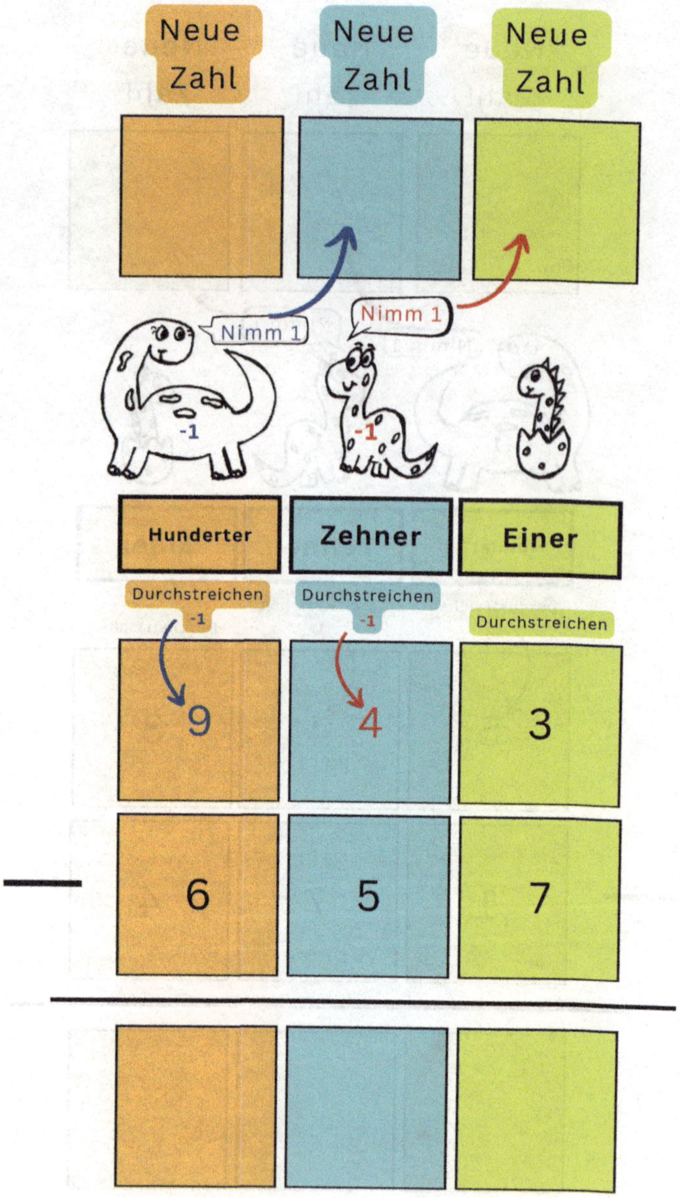
Neue Zahl
Neue Zahl
Neue Zahl
Nimm 1
Nimm 1
-1
-1
Hunderter
Zehner
Einer
Durchstreichen -1
Durchstreichen -1
Durchstreichen
9
4
3
—
6
5
7

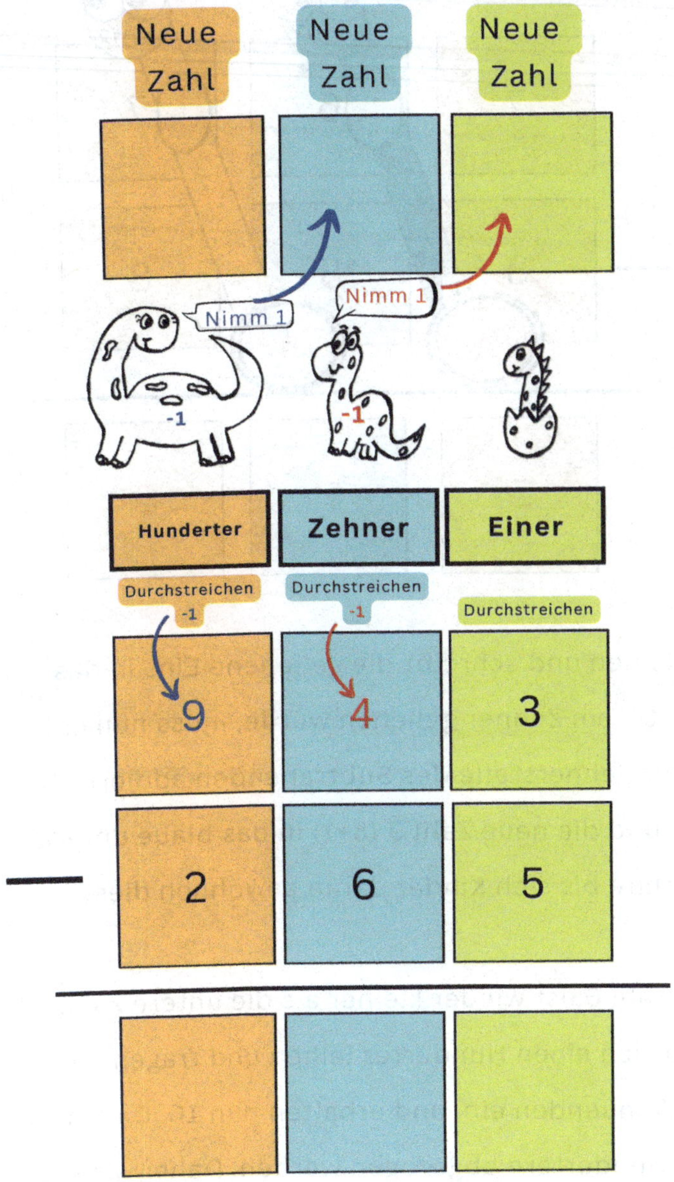
Neue Zahl
Neue Zahl
Neue Zahl
Nimm 1
Nimm 1
-1
-1
Hunderter
Zehner
Einer
Durchstreichen -1
Durchstreichen -1
Durchstreichen
9
4
3
—
2
6
5

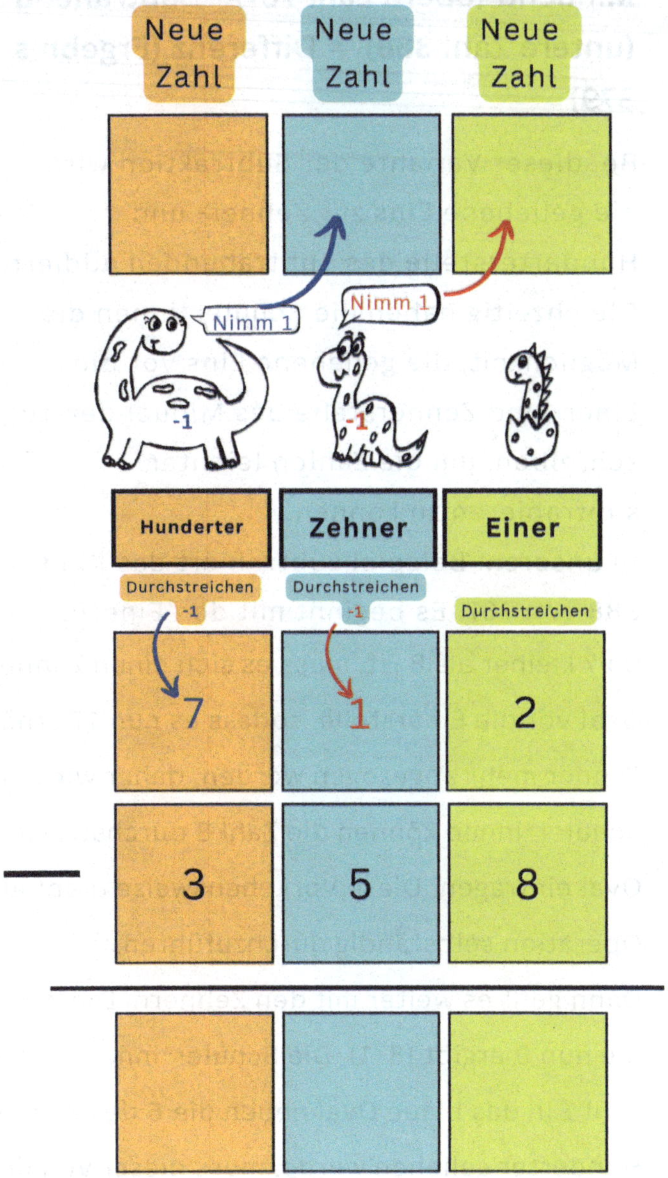
Neue Zahl
Neue Zahl
Neue Zahl
Nimm 1
Nimm 1
-1
-1
Hunderter
Zehner
Einer
Durchstreichen -1
Durchstreichen -1
Durchstreichen
7
1
2
—
3
5
8

Schriftliche Subtraktion mit Würmchen

Einführung für Eltern und Lehrkräfte:

Minuend (obere Zahl 767) - Subtrahend (untere Zahl 388) = Differenz (Ergebnis 379)

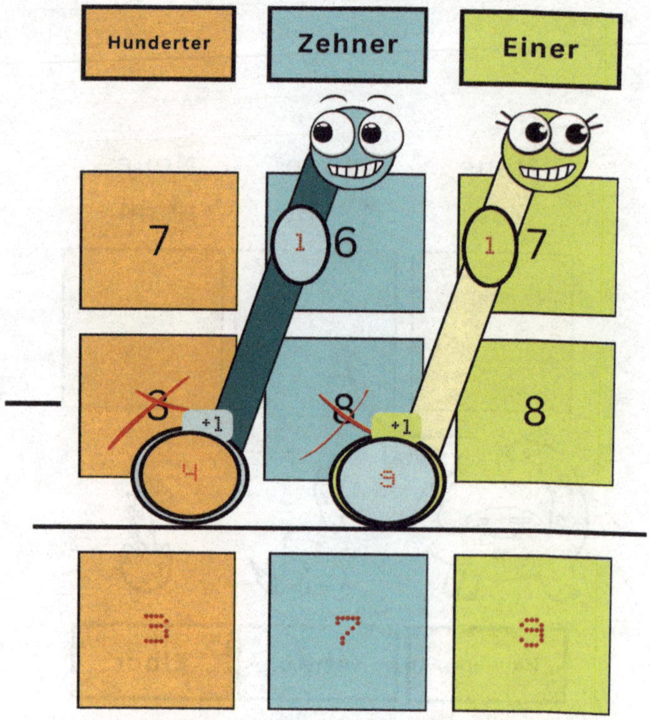

Bei dieser Variante der Subtraktion wird die geliehene Eins zur Zehner- und Hunderterstelle des Subtrahenden addiert. Gleichzeitig haben die Schüler*innen die Möglichkeit, die geliehene Eins vor die Einer- und Zehnerstelle des Minuenden zu schreiben, um die Zahlen leichter subtrahieren zu können.

In unserem Beispiel subtrahiert das Kind 388 von 767. Es beginnt mit den Einern.

Da 7 kleiner als 8 ist, muss es sich einen Zehner leihen und schreibt die geliehene Eins in das Oval vor die Einerstelle, sodass es nun 17 erhält. Da ein Zehner geliehen wurde, muss nun ein Zehner mehr abgezogen werden, daher wird +1 zur Zehnerstelle des Subtrahenden addiert. Die Schüler*innen können die Zahl 8 durchstreichen und die neue Zahl 9 (8+1) in das blaue untere Oval eintragen. Diese Vorgehensweise dient als Hilfe bis sich Kinder daran gewöhnen diese Operation selbständig durchzuführen.

Dann geht es weiter mit den Zehnern. Die obere Zahl 6, ist wieder kleiner als die untere Zahl, die nun 9 ergibt (8+1). Die Schüler*innen müssen sich einen Hunderter leihen und tragen die Zahl 1 in das blaue Oval neben die 6 des Zehner-Minuenden ein, und erhalten nun 16. Da ein Hunderter geliehen wurde, muss dieser von den Hundertern abgezogen werden. Daher wird +1 zur Hunderterstelle des Subtrahenden addiert. Ihre Schüler*innen können die Zahl 3 durchstreichen und die neue Zahl 4 (3+1) in das orangene untere Oval eintragen. Nun kann man Schritt für Schritt subtrahieren:

- Beginne mit den EINERN: Berechne 17 - 8 und erhalte 9.
- Fahre mit den ZEHNERN fort: Berechne 16 - 9 und erhalte 7.
- Ende mit den HUNDERTERN: Berechne 7 - 4 und erhalte 3.

Das Ergebnis lautet 379.

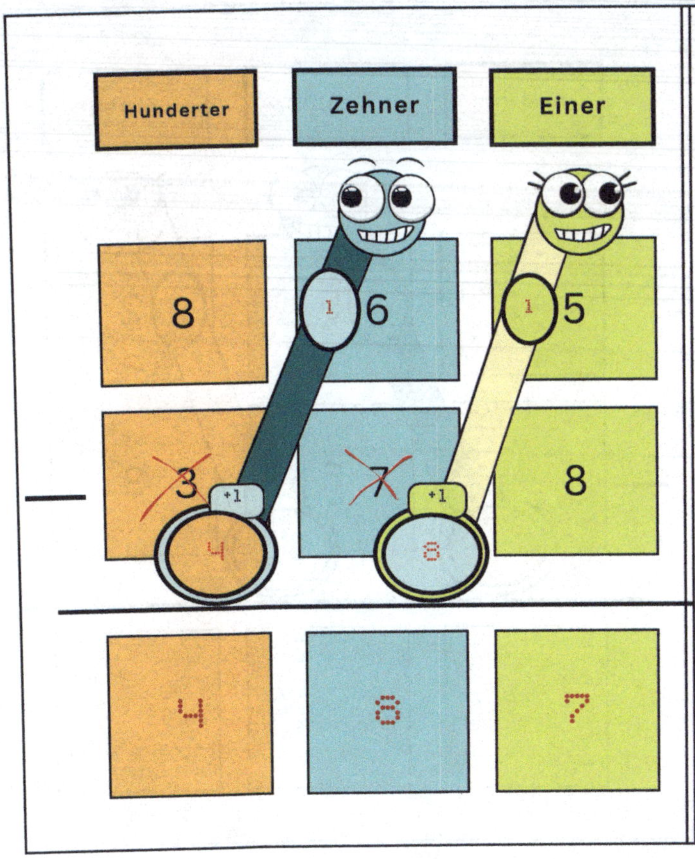
Hunderter
Zehner
Einer
8
6
5
3
7
8
+1
+1
4
8
7

Hunderter
Zehner
Einer
7
4
7
2
6
9

Hunderter
Zehner
Einer
9
1
6
5
5
8

Hunderter
Zehner
Einer
7
6
7
3
8
8

	Hunderter	Zehner	Einer
	9	6	1
−	6	9	6
		+1	+1

	Hunderter	Zehner	Einer
	8	5	2
−	4	6	3

	Hunderter	Zehner	Einer
	7	3	6
−	5	4	7

	Hunderter	Zehner	Einer
	6	3	5
−	3	6	7

	Hunderter	Zehner	Einer
	6	6	4
−	2	8	6

	Hunderter	Zehner	Einer
	6	5	1
−	4	9	3

	Hunderter	Zehner	Einer
	8	3	1
−	5	7	9

	Hunderter	Zehner	Einer
	5	3	8
−	3	4	9

©www.densingmethod.com

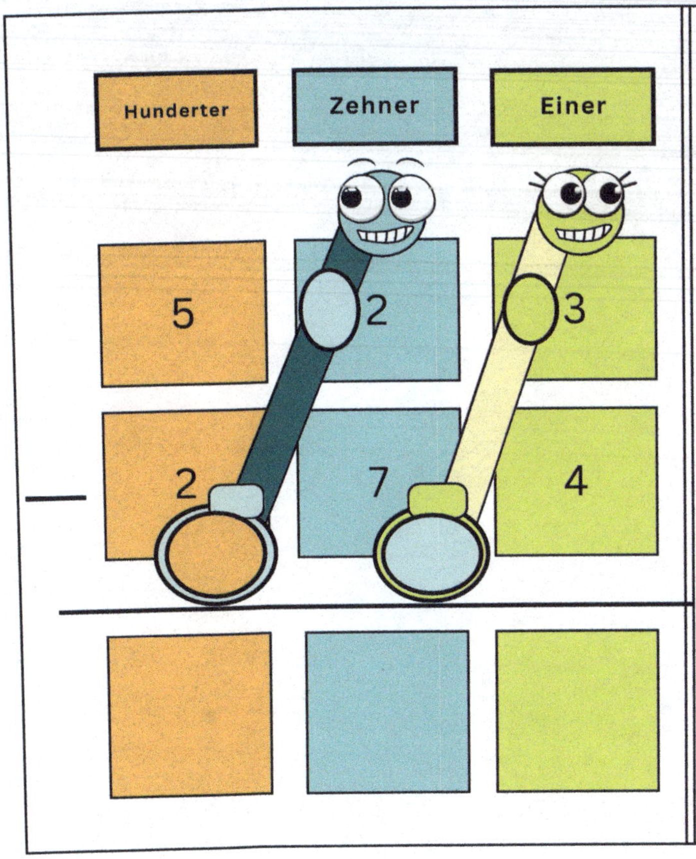
Hunderter
Zehner
Einer
5
2
3
—
2
7
4

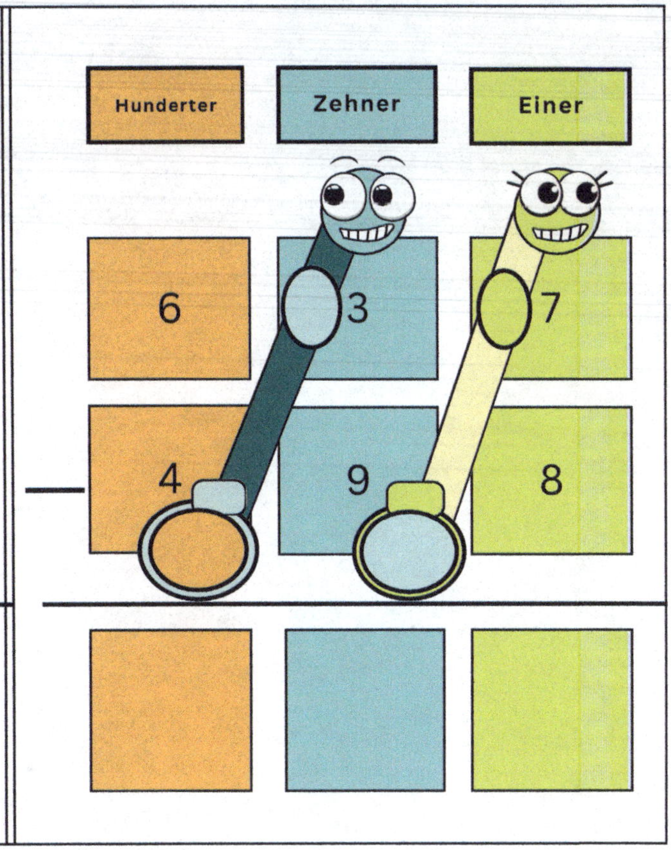
Hunderter
Zehner
Einer
6
3
7
—
4
9
8

Hunderter
Zehner
Einer
7
8
7
—
4
9
8

Hunderter
Zehner
Einer
8
2
5
—
4
5
7

Bücher der Autorin H. Densing

Made in the USA
Monee, IL
02 November 2026

67382575R00050